1 2年生で習った

JN059258

① 次の計算をしましょう。　　　　　　　　　　　　　　24点(1つ3)

①　　25
　　+41

②　　54
　　+20

③　　42
　　+16

④　　34
　　+49

⑤　　57
　　+23

⑥　　76
　　+17

⑦　　67
　　+ 9

⑧　　 2
　　+38

② 次の計算をしましょう。　　　　　　　　　　　　　　24点(1つ3)

①　　37
　　−24

②　　75
　　−40

③　　69
　　−17

④　　53
　　− 2

⑤　　81
　　−39

⑥　　45
　　−28

⑦　　92
　　−85

⑧　　64
　　− 9

❸ 次の計算をしましょう。　　　　　　　　　　　　　　　　　　24点(1つ3)

① 　63
　+91
　────

② 　57
　+60
　────

③ 　44
　+72
　────

④ 　86
　+56
　────

⑤ 　48
　+55
　────

⑥ 　67
　+74
　────

⑦ 　72
　+30
　────

⑧ 　63
　+37
　────

❹ 次の計算をしましょう。　　　　　　　　　　　　　　　　　　28点(1つ4)

① 　135
　− 64
　────

② 　124
　− 59
　────

③ 　116
　− 79
　────

④ 　109
　− 63
　────

⑤ 　100
　− 92
　────

⑥ 　104
　− 97
　────

⑦ 　101
　−　 5
　────

くり下げた１を
へらすことを
わすれないでね。

くり上がりやくり下がりに注意して計算しよう。ひき算の答えで、
さいしょの位が０になるとき、その０はかかないよ。

2

| 月 | 日 | | 時 | 分〜 | 時 | 分 |

名前

点

❶ 次の計算をしましょう。　　　　　　　　　　48点(1つ3)

① 2×2

② 3×6

③ 6×9

④ 8×5

⑤ 5×5

⑥ 7×2

⑦ 6×3

⑧ 9×3

⑨ 7×7

⑩ 5×9

⑪ 4×3

⑫ 2×7

⑬ 9×4

⑭ 8×8

⑮ 6×4

⑯ 4×8

2 次(つぎ)の計算をしましょう。 36点(1つ3)

① 1×8　② 5×7

③ 1×1　④ 6×8

⑤ 7×6　⑥ 9×2

⑦ 2×1　⑧ 8×7

⑨ 4×7　⑩ 9×9

⑪ 3×8　⑫ 6×6

3 □にあてはまる数をかきましょう。 16点(1つ4)

① 2×3 の答えは、3×□ の答えと同じ。

② 8×4 の答えは、□×8 の答えと同じ。

③ 5×6 は、5×5 より □ 大きい。

④ 7×9 は、7×8 より □ 大きい。

かけ算の九九はしっかりおぼえよう。

月　日　時　分〜　時　分

名前

点

❶ □にあてはまる数をかきましょう。

36点(1つ3)

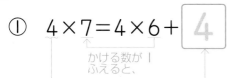

① $4 \times 7 = 4 \times 6 + \boxed{4}$

かける数が1
ふえると、

かけられる数だけふえる。

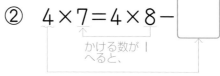

② $4 \times 7 = 4 \times 8 - \boxed{}$

かける数が1
へると、

かけられる数だけへる。

③ $8 \times 5 = 8 \times 4 + \boxed{}$

④ $8 \times 5 = 8 \times 6 - \boxed{}$

⑤ $3 \times 8 = 3 \times 7 + \boxed{}$

⑥ $3 \times 8 = 3 \times 9 - \boxed{}$

⑦ $9 \times 5 = 9 \times 4 + \boxed{}$

⑧ $9 \times 5 = 9 \times 6 - \boxed{}$

⑨ $6 \times 4 = 4 \times \boxed{}$

⑩ $3 \times 9 = 9 \times \boxed{}$

⑪ $5 \times 7 = \boxed{} \times 5$

⑫ $9 \times 8 = \boxed{} \times 9$

かけられる数と
かける数を入れかえても、
答えは同じになるね。

❷ 次の計算をしましょう。

10点(1つ2)

① 5×10

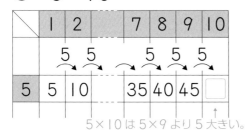

	1	2		7	8	9	10
5	5	10		35	40	45	

5×10は5×9より5大きい。

② 10×5

・$10 \times 5 = 10 + 10 + 10 + 10 + 10$
・$10 \times 5 = 5 \times 10$
2つの考え方があるね。

③ 3×10

④ 10×2

⑤ 10×10

❸ 次の計算をしましょう。 12点(1つ2)

① 4×0

② 0×3

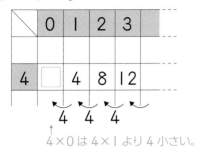

4×0 は 4×1 より 4 小さい。

0 の 3 こ分だから、
0＋0＋0

③ 8×0　　　④ 0×2　　　⑤ 5×0

⑥ 0×0

どんな数に 0 をかけても、
0 にどんな数をかけても、
答えは 0 だよ。

❹ □にあてはまる数をかきましょう。 42点(1つ3)

① 3× □ ＝12

② □ ×8＝24

3 のだんの九九を使って
考えるといいね。

□×8＝8×□ だから、
8 のだんの九九を使って
考えると……。

③ 3× □ ＝15　④ 6× □ ＝24　⑤ □ ×8＝56

⑥ □ ×7＝42　⑦ 9× □ ＝81　⑧ 5× □ ＝20

⑨ □ ×2＝10　⑩ □ ×3＝6　⑪ □ ×7＝28

⑫ 2× □ ＝16　⑬ 8× □ ＝72　⑭ □ ×4＝24

九九の表を使ったり、一一が 1、一二が 2、……といっておぼえよう。
九九をおぼえると、❹がかんたんにできるようになるよ。

4 わり算の式

1 6このクッキーを、3人に同じ数ずつ分けます。1人分は何こになりますか。□にあてはまる数をかきましょう。　15点(1つ5)

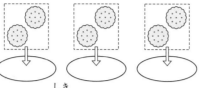

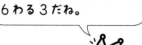
6こを3人で分けるから、6わる3だね。

1人分をもとめる式は、

6÷3

これは□×3＝6 の□にあてはまる数をもとめることだから、

[　]×3＝6 から、6÷3＝[　]　　　答え [　]こ

2 18このあめを、3人に同じ数ずつ分けます。1人分は何こになりますか。□にあてはまる数をかきましょう。　15点(1つ5)

1人分をもとめる式は、

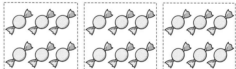

18÷3

□×3＝18 の□にあてはまる数をもとめて、

[　]×3＝18 から、18÷3＝[　]　　　答え [　]こ

3 24mのロープを、同じ長さに6つに切ると、1つ分は何mになりますか。□にあてはまる数をかきましょう。　20点(1つ5)

1つ分をもとめる式は、

24÷[　]

□×6＝24 の□にあてはまる数をもとめて、

[　]×6＝24 から、24÷6＝[　]　　　答え [　]m

4 6このクッキーを、1人に3こずつ分けると、何人に分けられますか。□にあてはまる数をかきましょう。

15点(1つ5)

（吹き出し）6こを3こずつに分けるから、6わる3だね。

分けられる人数をもとめる式は、

$$6 \div 3$$

これは 3×□＝6 の□にあてはまる数をもとめることだから、

3×□＝6 から、6÷3＝□　　答え □ 人

5 15このみかんを、1人に3こずつ分けると、何人に分けられますか。□にあてはまる数をかきましょう。

15点(1つ5)

分けられる人数をもとめる式は、

$$15 \div 3$$

3×□＝15 にあてはまる数をもとめて、

3×□＝15 から、15÷3＝□　　答え □ 人

6 24mのリボンを3mずつに切ると、何本になりますか。□にあてはまる数をかきましょう。

20点(1つ5)

本数をもとめる式は、

$$24 \div \square$$

3×□＝24 にあてはまる数をもとめて、

3×□＝24 から、24÷3＝□　　答え □ 本

ものを同じ数ずつに分けたり、1人分の数をもとめるときは、わり算を使うよ。

1 次のわり算の答えは、何のだんの九九を使ってもとめればよいで
すか。また、答えはいくつですか。

40点(1つ4)

① 8÷2

$\left(\ 2\ \right)$のだん　答え$\left(\ 4\ \right)$

② 24÷8

$\left(\quad\right)$のだん　答え$\left(\quad\right)$

わる数のだんの
九九を使おう。

8×①=8
8×②=16
8×③=24

③ 35÷5

$\left(\quad\right)$のだん　答え$\left(\quad\right)$

④ 6÷6

$\left(\quad\right)$のだん　答え$\left(\quad\right)$

⑤ 20÷4

$\left(\quad\right)$のだん　答え$\left(\quad\right)$

⑥ 18÷3

$\left(\quad\right)$のだん　答え$\left(\quad\right)$

⑦ 14÷7

$\left(\quad\right)$のだん　答え$\left(\quad\right)$

⑧ 81÷9

$\left(\quad\right)$のだん　答え$\left(\quad\right)$

⑨ 3÷1

$\left(\quad\right)$のだん　答え$\left(\quad\right)$

⑩ 56÷7

$\left(\quad\right)$のだん　答え$\left(\quad\right)$

1でわると、
答えはわられる数になるね。

2 次のわり算の答えは、何のだんの九九を使ってもとめればよいですか。また、答えはいくつですか。

① 12÷3

( )のだん　答え( )

② 30÷6

( )のだん　答え( )

③ 18÷9

( )のだん　答え( )

④ 5÷5

( )のだん　答え( )

⑤ 10÷2

( )のだん　答え( )

⑥ 32÷8

( )のだん　答え( )

⑦ 6÷1

( )のだん　答え( )

⑧ 63÷7

( )のだん　答え( )

⑨ 8÷4

( )のだん　答え( )

⑩ 27÷9

( )のだん　答え( )

⑪ 48÷6

( )のだん　答え( )

⑫ 42÷7

( )のだん　答え( )

わる数のだんの九九を使って、答えをもとめよう。
わる数×□＝わられる数　　□にあてはまる数が答えだよ。

6 答えが九九にある わり算 ②

月　日　　時　分～　時　分

名前

点

1 次のわり算の答えは、何のだんの九九を使ってもとめればよいですか。また、答えはいくつですか。

44点(1つ4)

① 10÷5

（　　　）のだん　答え（　　　）

10÷5の答えは、
5×□＝10の□に
あてはまる数だから、
5のだんの九九を
使おうね。

② 27÷3

（　　　）のだん　答え（　　　）

③ 7÷7

（　　　）のだん　答え（　　　）

④ 12÷4

（　　　）のだん　答え（　　　）

⑤ 42÷6

（　　　）のだん　答え（　　　）

⑥ 16÷8

（　　　）のだん　答え（　　　）

⑦ 15÷3

（　　　）のだん　答え（　　　）

⑧ 14÷2

（　　　）のだん　答え（　　　）

⑨ 54÷9

（　　　）のだん　答え（　　　）

⑩ 4÷1

（　　　）のだん　答え（　　　）

⑪ 30÷5

（　　　）のだん　答え（　　　）

❷ 次の計算をしましょう。

① $6 \div 2$

② $25 \div 5$

③ $54 \div 6$

④ $7 \div 1$

⑤ $20 \div 5$

⑥ $12 \div 6$

⑦ $28 \div 7$

⑧ $64 \div 8$

⑨ $9 \div 1$

⑩ $21 \div 3$

⑪ $18 \div 6$

⑫ $8 \div 8$

⑬ $35 \div 7$

⑭ $12 \div 2$

⑮ $16 \div 4$

⑯ $45 \div 9$

⑰ $2 \div 1$

⑱ $32 \div 4$

⑲ $63 \div 9$

⑳ $40 \div 8$

㉑ $18 \div 2$

㉒ $24 \div 6$

㉓ $8 \div 1$

㉔ $15 \div 5$

㉕ $72 \div 9$

㉖ $36 \div 6$

㉗ $5 \div 1$

㉘ $56 \div 8$

わられる数÷わる数＝□　→　わる数×□＝わられる数
わる数のだんの九九を使って、□にあてはまる数をもとめよう。

月　日　時　分〜　時　分

名前

点

❶ 次の計算をしましょう。　　　　　　　　14点(1つ2)

① 0÷3 ＝ 0

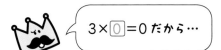

3×□=0だから…

② 0÷1

0÷△=0

③ 0÷4　　　④ 0÷7　　　⑤ 0÷9

⑥ 0÷5　　　⑦ 0÷2

❷ 次の計算をしましょう。　　　　　　　　26点(1つ2)

① 40÷4 ＝ 10

40は10が4こだから、
40÷4は、
10が(4÷4)こで1こだね。

② 30÷3　　　③ 80÷8　　　④ 20÷2

⑤ 90÷9　　　⑥ 50÷5　　　⑦ 70÷7

⑧ 40÷2 ＝ 20

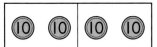

40は10が4こだから、
40÷2は、
10が(4÷2)こで2こだね。

⑨ 90÷3　　　⑩ 80÷2　　　⑪ 60÷3

⑫ 80÷4　　　⑬ 60÷2

❸ 次の計算をしましょう。 30点(1つ3)

① 36÷3

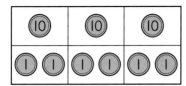

36は　　30と6
30÷3は　10
　6÷3は　　2だから、
36÷3＝12

② 28÷2　　　③ 99÷9　　　④ 48÷4

⑤ 55÷5　　　⑥ 26÷2　　　⑦ 77÷7

⑧ 39÷3　　　⑨ 88÷8　　　⑩ 24÷2

❹ 次の計算をしましょう。 30点(1つ3)

① 84÷4

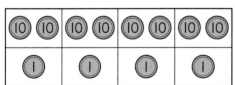

84は　　80と4
80÷4は　20
　4÷4は　　1だから、
84÷4＝21

② 46÷2　　　③ 96÷3　　　④ 86÷2

⑤ 63÷3　　　⑥ 48÷2　　　⑦ 69÷3

⑧ 88÷4　　　⑨ 64÷2　　　⑩ 93÷3

0を、0でないどんな数でわっても、答えは0だよ。
十の位の数と一の位の数を、それぞれわろう。

月　日　　時　分〜　時　分

名前

点

① 次の計算をしましょう。　　　　　　　　　　　　15点(1つ1)

① $12 \div 2$　　　② $4 \div 2$　　　③ $16 \div 8$

④ $32 \div 4$　　　⑤ $3 \div 3$　　　⑥ $63 \div 9$

⑦ $8 \div 4$　　　⑧ $72 \div 8$　　　⑨ $6 \div 6$

⑩ $40 \div 5$　　　⑪ $36 \div 9$　　　⑫ $21 \div 7$

⑬ $12 \div 3$　　　⑭ $35 \div 7$　　　⑮ $10 \div 5$

② 次の計算をしましょう。　　　　　　　　　　　　8点(1つ1)

① $0 \div 5$　　　② $0 \div 2$　　　③ $0 \div 1$

④ $0 \div 9$　　　⑤ $0 \div 6$　　　⑥ $0 \div 3$

⑦ $0 \div 7$　　　⑧ $0 \div 4$

③ 次の計算をしましょう。　　　　　　　　　　　　7点(1つ1)

① $2 \div 1$　　　② $5 \div 5$　　　③ $4 \div 1$

④ $7 \div 7$　　　⑤ $3 \div 1$　　　⑥ $8 \div 8$

⑦ $6 \div 6$

4 次の計算をしましょう。

① 6÷2 　　② 56÷7 　　③ 16÷4

④ 35÷5 　　⑤ 18÷3 　　⑥ 27÷9

⑦ 64÷8 　　⑧ 9÷1 　　⑨ 18÷6

⑩ 0÷4 　　⑪ 24÷6

⑫ 16÷2 　　⑬ 0÷8

⑭ 2÷2 　　⑮ 28÷7

⑯ 24÷3 　　⑰ 8÷1 　　⑱ 40÷8

⑲ 0÷1 　　⑳ 81÷9 　　㉑ 7÷1

㉒ 32÷8 　　㉓ 9÷9 　　㉔ 0÷2

㉕ 10÷2 　　㉖ 0÷3

㉗ 5÷1 　　㉘ 15÷5

㉙ 49÷7 　　㉚ 24÷4

㉛ 9÷3 　　㉜ 6÷1 　　㉝ 45÷5

㉞ 36÷4 　　㉟ 30÷6

 どんな数を 1 でわっても、答えはわられる数と同じだよ。

9 わり算 ②

1 次の計算をしましょう。　　　　　　　　　　10点(1つ1)

① 3÷3　　　　　　② 30÷3

③ 8÷8　　　　　　④ 80÷8

⑤ 4÷4　　　　　　⑥ 40÷4

⑦ 9÷9　　　　　　⑧ 90÷9

⑨ 6÷6　　　　　　⑩ 60÷6

2 次の計算をしましょう。　　　　　　　　　　20点(1つ2)

① 6÷2　　　　　　② 60÷2

③ 8÷2　　　　　　④ 80÷2

⑤ 4÷2　　　　　　⑥ 40÷2

⑦ 9÷3　　　　　　⑧ 90÷3

⑨ 8÷4　　　　　　⑩ 80÷4

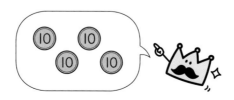

3 次の計算をしましょう。

① 16÷2　　② 35÷7　　③ 70÷7

④ 72÷9　　⑤ 50÷5　　⑥ 0÷5

⑦ 4÷1　　⑧ 8÷8　　⑨ 90÷3

⑩ 18÷2　　⑪ 0÷7

⑫ 40÷4　　⑬ 60÷2

⑭ 21÷3　　⑮ 90÷9

⑯ 60÷3　　⑰ 20÷5　　⑱ 32÷4

⑲ 42÷7　　⑳ 0÷6　　㉑ 20÷2

㉒ 7÷1　　㉓ 5÷5　　㉔ 24÷8

㉕ 10÷2　　㉖ 45÷9

㉗ 80÷2　　㉘ 30÷3

㉙ 14÷7　　㉚ 0÷9

㉛ 80÷4　　㉜ 48÷8　　㉝ 4÷4

㉞ 40÷5　　㉟ 81÷9

18

答えが九九にあるわり算なのか、九九にないわり算なのか考えよう。

10 わり算 ③

月　日　　時　分〜　時　分

名前

点

① 次の計算をしましょう。　　　　　　　　　　　　15点（1つ1）

① 55÷5　　　② 22÷2　　　③ 66÷6

④ 33÷3　　　⑤ 77÷7　　　⑥ 26÷2

⑦ 99÷9　　　⑧ 36÷3　　　⑨ 44÷4

⑩ 48÷4　　　⑪ 24÷2

⑫ 28÷2　　　⑬ 88÷8

⑭ 11÷1　　　⑮ 39÷3

② 次の計算をしましょう。　　　　　　　　　　　　15点（1つ1）

① 69÷3　　　② 84÷2　　　③ 68÷2

④ 84÷4　　　⑤ 42÷2　　　⑥ 93÷3

⑦ 82÷2　　　⑧ 63÷3　　　⑨ 48÷2

⑩ 44÷2　　　⑪ 88÷4

⑫ 99÷3　　　⑬ 46÷2

⑭ 86÷2　　　⑮ 62÷2

3 次の計算をしましょう。

① 28÷4　　② 24÷8　　③ 3÷1

④ 56÷7　　⑤ 18÷3　　⑥ 20÷5

⑦ 18÷9　　⑧ 10÷2　　⑨ 36÷9

⑩ 2÷1　　⑪ 70÷7

⑫ 64÷8　　⑬ 66÷2

⑭ 24÷3　　⑮ 0÷5

⑯ 20÷4　　⑰ 36÷6　　⑱ 35÷5

⑲ 18÷6　　⑳ 16÷2　　㉑ 0÷7

㉒ 48÷4　　㉓ 15÷3　　㉔ 48÷6

㉕ 8÷8　　㉖ 50÷5

㉗ 60÷3　　㉘ 21÷7

㉙ 72÷8　　㉚ 20÷2

㉛ 84÷4　　㉜ 99÷9　　㉝ 6÷1

㉞ 30÷5　　㉟ 81÷9

0 をわるのか、1 でわるのか、何十のわり算なのか、九九にあるのか
ないのか考えよう。

月　日　　目標 時間 **15** 分

名前

点

1 □にあてはまる数をかきましょう。　28点(1つ2)

① $4 \times 8 = 4 \times 7 + \boxed{}$

② $7 \times 5 = 7 \times 4 + \boxed{}$

③ $9 \times 3 = 9 \times 2 + \boxed{}$

④ $6 \times 7 = 6 \times 8 - \boxed{}$

⑤ $3 \times 8 = 3 \times 9 - \boxed{}$

⑥ $8 \times 6 = 8 \times 7 - \boxed{}$

⑦ $5 \times 9 = 9 \times \boxed{}$

⑧ $7 \times 2 = \boxed{} \times 7$

⑨ $\boxed{} \times 4 = 4 \times 7$

⑩ $\boxed{} \times 6 = 6 \times 5$

⑪ $8 \times 2 = \boxed{} \times 8$

⑫ $6 \times 9 = \boxed{} \times 6$

⑬ $3 \times \boxed{} = 6 \times 3$

⑭ $7 \times \boxed{} = 5 \times 7$

2 □にあてはまる数をかきましょう。　12点(1つ2)

① $10 \times 3 = \boxed{}$

② $10 \times 5 = \boxed{}$

③ $4 \times 10 = \boxed{}$

④ $6 \times 0 = \boxed{}$

⑤ $9 \times 0 = \boxed{}$

⑥ $0 \times 7 = \boxed{}$

❸ 次の計算をしましょう。   28点（1つ2）

① 6÷3　　　② 16÷2　　　③ 35÷7

④ 30÷6　　　⑤ 72÷9　　　⑥ 0÷5

⑦ 4÷1　　　⑧ 8÷8　　　⑨ 18÷2

⑩ 21÷3　　　⑪ 20÷5　　　⑫ 32÷4

⑬ 42÷7　　　⑭ 0÷6

❹ 次の計算をしましょう。   16点（1つ2）

① 40÷4　　　② 60÷3　　　③ 90÷3

④ 70÷7　　　⑤ 80÷2　　　⑥ 20÷2

⑦ 80÷4　　　⑧ 30÷3

❺ 次の計算をしましょう。   16点（1つ2）

① 26÷2　　　② 33÷3　　　③ 48÷4

④ 39÷3　　　⑤ 28÷2　　　⑥ 55÷5

⑦ 44÷2　　　⑧ 84÷4

12 何百のたし算とひき算

❶ 次の計算をしましょう。　50点(1つ2)

① 600＋500

> 600は100が6こ、
> 500は100が5こ。
> 600＋500は、
> 100が(6＋5)こで11こだね。

② 200＋800

③ 900＋400

④ 700＋700

⑤ 800＋500

⑥ 300＋900

⑦ 400＋700

⑧ 500＋500

⑨ 800＋600

⑩ 200＋900

⑪ 700＋300

⑫ 400＋800

⑬ 900＋900

⑭ 500＋700

⑮ 600＋400

⑯ 800＋900

⑰ 700＋800

⑱ 600＋600

⑲ 900＋500

⑳ 700＋900

㉑ 800＋300

㉒ 900＋100

㉓ 600＋900

㉔ 700＋600

㉕ 800＋800

② 次の計算をしましょう。　　　　　　　　　　　　　　　　50点(1つ2)

① 1200−400

[100][100][100][100][100][100][100][100][100][100][100][100]

[100][100][100][100]

> 1200は100が12こ、
> 400は　100が4こ。
> 1200−400は、
> 100が（12−4）こで8こだね。

② 1100−200　　　　　　③ 1200−700

④ 1300−600　　　　　　⑤ 1800−900

⑥ 1500−800　　　　　　⑦ 1400−400

⑧ 1200−600　　　　　　⑨ 1100−300

⑩ 1600−900　　　　　　⑪ 1400−600

⑫ 1800−800　　　　　　⑬ 1300−900

⑭ 1100−500　　　　　　⑮ 1400−700

⑯ 1200−300　　　　　　⑰ 1100−100

⑱ 1700−900　　　　　　⑲ 1500−600

⑳ 1300−300　　　　　　㉑ 1100−700

㉒ 1600−800　　　　　　㉓ 1200−200

㉔ 1400−500　　　　　　㉕ 1300−800

100の何こ分なのかを考えるよ。

月　日　　時　分〜　時　分

名前

点

❶ 次の計算をしましょう。　　　　　　　　　16点(1つ2)

①
```
   4 6 3
 + 1 2 5
 ─────────
   5 8 8
```

②
```
   3 2 4
 + 5 7 3
 ─────────
 □ □ □
```

③
```
   1 7 6
 + 4 1 2
 ─────────
```

④
```
   8 1 2
 + 1 6 3
 ─────────
```

⑤
```
   6 2 3
 +   2 4
 ─────────
```

⑥
```
   5 9 0
 + 2 0 8
 ─────────
```

⑦
```
     3 8
 + 6 2 1
 ─────────
```

⑧
```
   2 5 6
 +   3 0
 ─────────
```

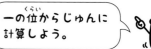

一の位からじゅんに
計算しよう。

❷ 次の計算をしましょう。　　　　　　　　　27点(1つ3)

①
```
   4 2 5
 + 3 1 7
 ─────────
   7 4 2
```

②
```
   1 3 8
 + 2 5 6
 ─────────
 □ □ □
```

③
```
   5 7 4
 + 4 0 9
 ─────────
```

④
```
     9 1
 + 5 2 7
 ─────────
```

⑤
```
   4 5 6
 +   8 3
 ─────────
```

⑥
```
   7 4 0
 + 6 3 8
 ─────────
 1 3 7 8
```

⑦
```
   6 3 7
 + 9 1 2
 ─────────
 □ □ □ □
```

⑧
```
   2 9 3
 + 8 0 2
 ─────────
```

⑨
```
   5 3 0
 + 8 6 0
 ─────────
```

3 次の計算をしましょう。　　　　　　　　　　　　57点（1つ3）

① 　176
　＋348
　　524

② 　245
　＋679

③ 　538
　＋194

④ 　367
　＋485

⑤ 　634
　＋297

⑥ 　374
　＋536

⑦ 　453
　＋157

⑧ 　845
　＋ 76

⑨ 　472
　＋ 69

⑩ 　 84
　＋758

⑪ 　 27
　＋394

⑫ 　382
　＋419

⑬ 　564
　＋237

⑭ 　339
　＋ 64

⑮ 　604
　＋196

⑯ 　297
　＋403

⑰ 　594
　＋ 6

⑱ 　1 0 4
　＋8 9 8
　□□□□

⑲ 　983
　＋ 28

くり上がりに注意しよう。

👑 百の位にくり上がりがあるときは、千の位に1くり上げるよ。

26

14 3けたのひき算の筆算

1 次の計算をしましょう。　　　　　　　　　　　　16点(1つ2)

①
```
   378
 - 142
   236
```

②
```
   596
 - 173
  □□□
```

③
```
   794
 - 281
```

④
```
   623
 - 320
```

⑤
```
   903
 - 202
```

⑥
```
   273
 - 253
   □□
```

⑦
```
   342
 - 311
```

⑧
```
   198
 - 172
```

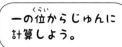
一の位からじゅんに計算しよう。

2 次の計算をしましょう。　　　　　　　　　　　　27点(1つ3)

①
```
   ²326
 - 154
   172
```

②
```
   415
 - 206
  □□□
```

③
```
   960
 -  34
```

④
```
   390
 - 162
```

⑤
```
   874
 - 658
  □□□
```

⑥
```
   517
 - 342
```

⑦
```
   923
 - 743
```

⑧
```
   528
 - 476
  □□
```

⑨
```
   362
 - 290
```

❸ 次の計算をしましょう。

①
```
    3 2
  4 3 6
- 1 7 8
  2 5 8
```

②
```
  6 5 2
- 3 8 4
```

③
```
  5 1 2
- 3 6 7
```

④
```
  7 7 7
- 2 9 8
```

⑤
```
  8 1 1
- 3 3 3
```

⑥
```
  9 4 0
- 5 7 2
```

⑦
```
  7 9 0
- 3 9 5
```

⑧
```
  4 8 0
- 1 8 3
```

⑨
```
  8 7 7
- 5 7 9
```

⑩
```
  5 4 2
- 2 4 7
```

⑪
```
    4 9
  5 0 4
- 3 7 6
  1 2 8
```

⑫
```
  6 0 8
- 2 3 9
```

⑬
```
  9 0 2
- 4 7 5
```

⑭
```
  3 0 6
- 1 7 8
```

⑮
```
  5 0 0
- 2 8 9
```

⑯
```
  8 0 0
- 3 9 1
```

⑰
```
  3 0 0
-   5 4
```

⑱
```
  4 0 0
-     8
```

⑲
```
  7 0 0
-     9
```

くり下がりに
注意しよう。

一の位にくり下がりがあり、十の位が0のときは、百の位からくり下げて
計算するよ。

15 　4けたの数の筆算

月　日　　時　分～　時　分

名前

点

❶ 次の計算をしましょう。　　　　　　　　　　　54点（1つ3）

①
```
  4537
+ 1291
──────
  5828
```

②
```
  3451
+ 1264
──────
```

③
```
  5346
+ 2987
──────
```

④
```
  4357
+ 4784
──────
```

⑤
```
  7243
+ 1917
──────
```

⑥
```
  3792
+ 2108
──────
```

⑦
```
  2432
+ 6708
──────
```

⑧
```
  3812
+ 1398
──────
```

⑨
```
  6623
+ 1285
──────
```

⑩
```
  7810
+ 1490
──────
```

⑪
```
  1827
+ 4666
──────
```

⑫
```
  4773
+ 1234
──────
```

⑬
```
  5622
+  852
──────
```

⑭
```
  8103
+  928
──────
```

⑮
```
  9234
+  667
──────
```

⑯
```
  3820
+   98
──────
```

⑰
```
  5943
+   75
──────
```

⑱
```
  3911
+   89
──────
```

3けたのときと同じように計算すればいいね。

29

❷ 次の計算をしましょう。　　　　　　　　　　　　　　　　36点(1つ3)

①
```
    3 1
  6 4 2 7
- 3 1 8 9
─────────
  3 2 3 8
```

②
```
  5 3 2 9
- 1 2 4 8
─────────
```

③
```
  7 3 5 8
- 4 6 3 9
─────────
```

④
```
  6 4 7 2
- 2 6 8 3
─────────
```

⑤
```
  4 1 0 8
- 1 2 3 1
─────────
```

⑥
```
  8 1 2 2
- 5 0 4 1
─────────
```

⑦
```
  9 3 4 7
- 3 5 6 2
─────────
```

⑧
```
  3 7 2 1
- 1 9 0 9
─────────
```

⑨
```
  6 2 1 2
-   3 2 3
─────────
```

⑩
```
  2 3 7 3
-   2 8 1
─────────
```

⑪
```
  7 1 2 4
-     8 6
─────────
```

⑫
```
  3 2 8 1
-     9 9
─────────
```

❸ 次の計算をしましょう。　　　　　　　　　　　　　　　　10点(1つ2)

①
```
  1 3 4 8
-   7 5 6
─────────
  □ □ □
```

②
```
  1 8 2 4
-   8 3 8
─────────
```

③
```
  1 3 9 8
-   9 9 9
─────────
```

④
```
  3 7 8 1
-     7 9
─────────
```

⑤
```
  2 6 8 3
-     9 8
─────────
```

(4けた)－(2けた)のときも
千の位をわすれないでね。

👑 けた数がかわっても、計算のしかたは同じだね。

16 たし算とひき算の筆算

1 次の計算をしましょう。 16点(1つ2)

① 　273
　＋514

② 　513
　＋126

③ 　442
　＋389

④ 　714
　＋187

⑤ 　376
　＋132

⑥ 　261
　＋259

⑦ 　617
　＋183

⑧ 　829
　＋　71

2 次の計算をしましょう。 27点(1つ3)

① 　3127
　＋4451

② 　8012
　＋1371

③ 　7230
　＋1482

④ 　9133
　＋　567

⑤ 　2811
　＋1393

⑥ 　5191
　＋　823

⑦ 　6325
　＋1778

⑧ 　4738
　＋　62

⑨ 　4971
　＋　98

3 次の計算をしましょう。 30点(1つ3)

① 347
－123

② 783
－229

③ 442
－382

④ 811
－ 19

⑤ 258
－ 67

⑥ 692
－498

⑦ 908
－ 29

⑧ 502
－308

⑨ 140
－ 52

⑩ 400
－ 6

4 次の計算をしましょう。 27点(1つ3)

① 5463
－3131

② 9328
－ 609

③ 2433
－1156

④ 8414
－3429

⑤ 1937
－ 758

⑥ 6208
－ 399

⑦ 3591
－1682

⑧ 7245
－2457

⑨ 4822
－ 58

一の位からじゅんに計算しよう。
くり上がりやくり下がりに注意しよう。

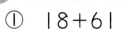

17 たし算とひき算の暗算

月　日　時　分〜　時　分

名前

点

1 次の計算を暗算でしましょう。　　　50点(1つ2)

① 18+61

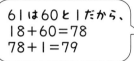
61は60と1だから、
18+60=78
78+1=79

② 54+32

③ 27+41　　④ 81+13　　⑤ 45+24

⑥ 62+16　　⑦ 31+44　　⑧ 73+12

⑨ 37+49

くり上がりが
あるね。

⑩ 27+63

⑪ 34+46　　⑫ 42+19　　⑬ 58+33

⑭ 16+76　　⑮ 28+47　　⑯ 65+29

⑰ 72+40

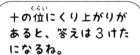
十の位にくり上がりが
あると、答えは3けた
になるね。

⑱ 36+70

⑲ 80+84　　⑳ 50+63　　㉑ 61+73

㉒ 52+48　　㉓ 53+78　　㉔ 86+35

㉕ 66+39

2 次の計算を暗算でしましょう。

① 54−31

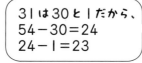
31は30と1だから、
54−30＝24
24−1＝23

② 86−23

③ 69−29　　　④ 24−14　　　⑤ 89−36

⑥ 72−32　　　⑦ 38−15　　　⑧ 47−33

⑨ 40−12

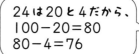
くり下がりが
あるね。

⑩ 70−44

⑪ 23−17　　　⑫ 92−85　　　⑬ 43−26

⑭ 84−59　　　⑮ 91−37　　　⑯ 64−28

⑰ 100−24

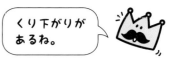
24は20と4だから、
100−20＝80
80−4＝76

⑱ 100−36

⑲ 100−41　　　⑳ 100−71　　　㉑ 100−78

㉒ 100−83　　　㉓ 100−67　　　㉔ 100−93

㉕ 100−96

34

暗算のしかたは、いろいろあるよ。
自分のやりやすいしかたで考えよう。

一億までの数

❶ 2つの数をくらべて、＞か＜を使ってかきましょう。 24点(1つ3)

① 87100 　＞　 84900　　② 78100 　□　 73500

一万の位は同じだから、千の位をくらべよう。

7	8	1	0	0
7	3	5	0	0

③ 24930 　□　 24780　　④ 713500 　□　 716200

⑤ 324000 　□　 351000　　⑥ 847600 　□　 846600

⑦ 41760 　□　 47160　　⑧ 541200 　□　 542100

❷ ㋐、㋑、㋒、㋓にあたる数をかきましょう。 24点(1つ3)

①

㋐　　　　　　　　㋑　㋒　　　　　㋓

70000　80000　90000

1目もりがいくつなのか考えよう。

㋐ (　　　　　) ㋑ (　　　　　)

㋒ (　　　　　) ㋓ (　　　　　)

②

㋐　　　　㋑　　　　㋒　㋓

90000　100000　110000

㋐ (　　　　) ㋑ (　　　　) ㋒ (　　　　) ㋓ (　　　　)

3 次の計算をしましょう。　　　　　　　　　　　　　14点(1つ2)

① 2000＋6000　　　　　② 7000＋8000

③ 30000＋90000　　　④ 50000＋70000

⑤ 9000＋1000　　　　　⑥ 60000＋40000

⑦ 30000＋7000

 0の数に注意しよう。

4 次の計算をしましょう。　　　　　　　　　　　　　12点(1つ2)

① 5万＋3万　　② 7万＋6万　　③ 8万＋2万

④ 63万＋18万　　⑤ 45万＋6万　　⑥ 20万＋17万

5 次の計算をしましょう。　　　　　　　　　　　　　14点(1つ2)

① 7000－2000　　　　　② 12000－8000

③ 37000－15000　　　④ 24000－6000

⑤ 620000－480000　　⑥ 880000－390000

⑦ 95000－5000

 1000 や 10000 が何こになるかな…

6 次の計算をしましょう。　　　　　　　　　　　　　12点(1つ2)

① 7万－4万　　② 22万－9万　　③ 47万－40万

④ 96万－47万　　⑤ 13万－7万　　⑥ 85万－77万

0の数に注意して、きちんと位をそろえよう。

月　日　　時　分〜　時　分

名前

点

1 次の計算をしましょう。　　　　　　　　　　16点(1つ2)

① 30×10

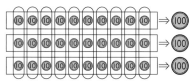

② 35×10

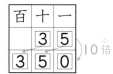

③ 50×10

④ 84×10

⑤ 100×10

⑥ 138×10

⑦ 1500×10

⑧ 3207×10

2 次の計算をしましょう。　　　　　　　　　　16点(1つ2)

① 30×100

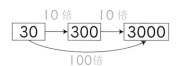

② 35×100

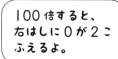
100倍すると、
右はしに0が2こ
ふえるよ。

③ 9×100

④ 17×100

⑤ 410×100

⑥ 807×100

⑦ 5600×100

⑧ 9203×100

3 次の計算をしましょう。　　　　　　　　　　16点(1つ2)

① 30×1000

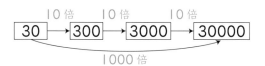

② 35×1000

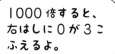
1000倍すると、
右はしに0が3こ
ふえるよ。

③ 4×1000

④ 72×1000

⑤ 160×1000

⑥ 508×1000

⑦ 6300×1000

⑧ 2809×1000

4 次の計算をしましょう。

① 50÷10

⑤⑤⑤⑤⑤⑤⑤⑤⑤⑤

50 を 5×10 と考えて、

50÷10=5

② 350÷10

) 10 でわる

③ 20÷10　　④ 70÷10　　⑤ 990÷10

> 10 でわると、
> たはしの 0 が 1 こ
> へるよ。

⑥ 100÷10　　⑦ 4000÷10　　⑧ 3500÷10

5 次の計算をしましょう。

① 40×10　　② 69×10　　③ 120×10

④ 723×10　　⑤ 3200×10　　⑥ 8×100

⑦ 94×100　　⑧ 108×100　　⑨ 7409×100

⑩ 5000×100　　⑪ 6×1000　　⑫ 53×1000

⑬ 180×1000　　⑭ 700×1000

⑮ 30÷10　　⑯ 810÷10

⑰ 6000÷10　　⑱ 7240÷10

右はしの 0 の数に気をつけて、計算しよう。

名前

点

① 次の計算をしましょう。

54点(1つ3)

① $19 \div 3 = \boxed{}$ あまり $\boxed{}$

$$3 \times \boxed{5} = 15$$
$$3 \times \boxed{6} = 18$$
$$3 \times \boxed{7} = 21 \quad 19をこえた！$$

② $9 \div 2$

2のだんの九九を使うよ。

③ $5 \div 3$

④ $24 \div 7$

⑤ $29 \div 3$

⑥ $49 \div 6$

⑦ $66 \div 8$

⑧ $14 \div 5$

⑨ $78 \div 9$

⑩ $13 \div 4$

⑪ $54 \div 8$

⑫ $59 \div 6$

⑬ $65 \div 7$

⑭ $80 \div 9$

⑮ $41 \div 8$

⑯ $11 \div 2$

⑰ $18 \div 4$

⑱ $32 \div 5$

あまりが、わる数よりも小さくなるように計算しよう。

2 次の計算をしましょう。　　　　　　　　　　　　46点(1つ2)

① $19 \div 6$

② $37 \div 5$

③ $3 \div 2$

④ $20 \div 9$

⑤ $6 \div 4$

⑥ $7 \div 2$

⑦ $26 \div 6$

⑧ $12 \div 5$

⑨ $30 \div 4$

⑩ $39 \div 6$

⑪ $17 \div 2$

⑫ $16 \div 3$

⑬ $50 \div 7$

⑭ $23 \div 4$

⑮ $25 \div 8$

⑯ $15 \div 2$

⑰ $28 \div 5$

⑱ $23 \div 3$

⑲ $46 \div 9$

⑳ $15 \div 7$

㉑ $10 \div 3$

㉒ $18 \div 8$

㉓ $58 \div 7$

わる数の九九を使って考えよう。
あまりは、わる数より小さくなるよ。

❶ 次の計算をしましょう。　　　　　　　　　　　　50点(1つ2)

① 5÷2　　　　　　　② 40÷7

③ 34÷6　　　　　　④ 33÷4

⑤ 19÷2　　　　　　⑥ 36÷8

⑦ 27÷4　　　　　　⑧ 8÷3

⑨ 11÷9　　　　　　⑩ 13÷2

⑪ 48÷5　　　　　　⑫ 10÷4

⑬ 8÷6　　　　　　　⑭ 65÷9

⑮ 13÷3　　　　　　⑯ 78÷8

⑰ 21÷5　　　　　　⑱ 30÷7

⑲ 11÷8　　　　　　⑳ 26÷3

㉑ 14÷6　　　　　　㉒ 13÷7

㉓ 7÷5　　　　　　　㉔ 60÷9

㉕ 47÷7

② 次の計算をしましょう。　　　　　　　　　　　　50点(1つ2)

① 55÷6

② 70÷8

③ 88÷9

④ 43÷5

⑤ 60÷7

⑥ 38÷9

⑦ 20÷3

⑧ 41÷6

⑨ 31÷9

⑩ 28÷8

⑪ 29÷4

⑫ 17÷3

⑬ 26÷7

⑭ 50÷9

⑮ 19÷5

⑯ 21÷8

⑰ 21÷6

⑱ 7÷4

⑲ 61÷8

⑳ 37÷4

㉑ 24÷9

㉒ 46÷6

㉓ 12÷5

㉔ 54÷7

㉕ 28÷3

くり返し練習して、あまりのあるわり算になれよう。

名前

月　日　時　分〜　時　分

点

1 次の計算をしましょう。

46点（1つ2）

① 15÷8

② 50÷6

③ 13÷2

④ 13÷9

⑤ 65÷7

⑥ 26÷3

⑦ 43÷5

⑧ 32÷7

⑨ 11÷3

⑩ 21÷4

⑪ 10÷6

⑫ 57÷9

⑬ 27÷5

⑭ 20÷7

⑮ 62÷8

⑯ 39÷4

⑰ 33÷8

⑱ 14÷3

⑲ 8÷5

⑳ 73÷9

㉑ 19÷2

㉒ 25÷4

㉓ 17÷6

❷ 次の計算をして、答えをたしかめましょう。 54点(1つ3)

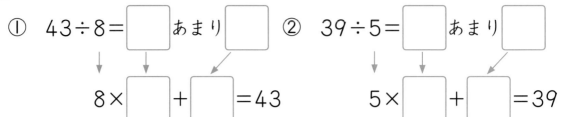

① 43÷8＝□ あまり □
　　↓　　↓　　　↓
　　8×□＋□＝43

② 39÷5＝□ あまり □
　　↓　　↓　　　↓
　　5×□＋□＝39

③ 17÷2

④ 41÷9

⑤ 48÷7

⑥ 4÷3

⑦ 50÷8

⑧ 31÷6

⑨ 9÷4

⑩ 19÷5

⑪ 23÷3

⑫ 12÷7

⑬ 25÷6

⑭ 73÷8

⑮ 33÷4

⑯ 71÷9

⑰ 46÷6

⑱ 7÷2

🐺 あまりのあるわり算は、計算のまちがいをしやすいよ。答えのたしかめを
するようにしよう。

44

23 まとめのテスト

1 次の計算をしましょう。　　　　　　　　　　　　18点(1つ3)

① 700＋500　　② 300＋800　　③ 600＋400

④ 1400－800　　⑤ 1200－500　　⑥ 1800－900

2 次の計算をしましょう。　　　　　　　　　　　　24点(1つ2)

①
$$\begin{array}{r} 623 \\ +194 \\ \hline \end{array}$$

②
$$\begin{array}{r} 487 \\ +234 \\ \hline \end{array}$$

③
$$\begin{array}{r} 593 \\ +868 \\ \hline \end{array}$$

④
$$\begin{array}{r} 987 \\ +\ \ 33 \\ \hline \end{array}$$

⑤
$$\begin{array}{r} 781 \\ -249 \\ \hline \end{array}$$

⑥
$$\begin{array}{r} 356 \\ -188 \\ \hline \end{array}$$

⑦
$$\begin{array}{r} 403 \\ -127 \\ \hline \end{array}$$

⑧
$$\begin{array}{r} 600 \\ -\ \ \ 6 \\ \hline \end{array}$$

⑨
$$\begin{array}{r} 2687 \\ +4703 \\ \hline \end{array}$$

⑩
$$\begin{array}{r} 9812 \\ +\ \ \ 88 \\ \hline \end{array}$$

⑪
$$\begin{array}{r} 8744 \\ -3946 \\ \hline \end{array}$$

⑫
$$\begin{array}{r} 1470 \\ -\ \ 608 \\ \hline \end{array}$$

3 次の計算を暗算でしましょう。　　　　　　　　　6点(1つ2)

① 77＋46　　② 92－29　　③ 100－58

4 2つの数をくらべて、＞か＜を使ってかきましょう。　4点(1つ2)

① 42785 ☐ 42901　② 92384 ☐ 140239

5 次の計算をしましょう。　12点(1つ3)

① 20万＋40万　② 17万－8万

③ 27000＋18000　④ 42000－28000

6 次の計算をしましょう。　12点(1つ2)

① 40×10　② 19×100　③ 300×100

④ 810×1000　⑤ 50÷10　⑥ 3000÷10

7 次の計算をしましょう。　24点(1つ2)

① 13÷2　② 11÷3

③ 31÷7　④ 70÷8

⑤ 16÷3　⑥ 35÷4

⑦ 70÷9　⑧ 26÷5

⑨ 59÷7　⑩ 40÷6

⑪ 34÷4　⑫ 3÷2

月　日　　時　分〜　時　分

名前

点

1 次の計算をしましょう。　　　　　　　　　　22点(1つ2)

①　20×4

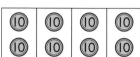

②　30×2

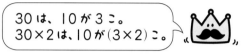

30 は、10 が 3 こ。
30×2は、10 が (3×2) こ。

③　20×3　　　　④　40×2　　　　⑤　30×3

⑥　60×2

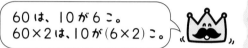

60 は、10 が 6 こ。
60×2は、10 が (6×2) こ。

⑦　90×3　　　　⑧　40×5　　　　⑨　80×3

⑩　70×9　　　　⑪　60×4

2 次の計算をしましょう。　　　　　　　　　　22点(1つ2)

①　300×3

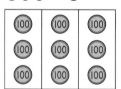

②　400×2

400 は、100 が 4 こ。
400×2は、100 が (4×2) こ。

③　200×4　　　　④　300×2　　　　⑤　200×2

⑥　400×4＝1600　⑦　500×6　　　　⑧　800×3

⑨　600×7　　　　⑩　700×4　　　　⑪　900×9

3 次の計算をしましょう。

① 50×3　　② 100×2　　③ 40×7

④ 20×2　　⑤ 90×6

⑥ 70×8　　⑦ 600×7

⑧ 30×2　　⑨ 200×3　　⑩ 900×2

⑪ 80×8　　⑫ 700×2　　⑬ 60×5

⑭ 20×3　　⑮ 40×2　　⑯ 600×3

⑰ 500×5　　⑱ 900×4　　⑲ 20×5

⑳ 30×3　　㉑ 200×2　　㉒ 400×8

㉓ 20×4　　㉔ 800×6　　㉕ 90×2

㉖ 70×9　　㉗ 200×5　　㉘ 300×7

10が何こ、100が何こと考えるとわかりやすいよ。

25 （2けた）×（1けた）の筆算 ①

月　　日	時　分〜　時　分
名前	
	点

1 次の計算をしましょう。

32点（1つ2）

① 　 1 3
　　× 　 2
　　 2 6

② 　 2 1
　　× 　 4
　　□ □

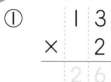

一の位から
じゅんにかけるよ。

③ 　 3 1
　　× 　 2

④ 　 1 2
　　× 　 3

⑤ 　 2 4
　　× 　 2

⑥ 　 3 2
　　× 　 3

⑦ 　 4 0
　　× 　 2

⑧ 　 3 0
　　× 　 3

⑨ 　 4 4
　　× 　 2

⑩ 　 4 2
　　× 　 2

⑪ 　 3 3
　　× 　 3

⑫ 　 2 2
　　× 　 4

⑬ 　 1 4
　　× 　 2

⑭ 　 4 1
　　× 　 2

⑮ 　 4 3
　　× 　 2

⑯ 　 3 4
　　× 　 2

❷ 次の計算をしましょう。

① 　　23
　　×　4

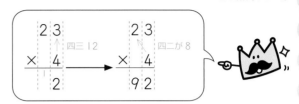

② 　　14
　　×　7

③ 　　13
　　×　5

④ 　　24
　　×　3

⑤ 　　49
　　×　2

⑥ 　　24
　　×　4

⑦ 　　12
　　×　6

⑧ 　　38
　　×　2

⑨ 　　27
　　×　3

⑩ 　　39
　　×　2

⑪ 　　28
　　×　2

⑫ 　　19
　　×　5

⑬ 　　46
　　×　2

⑭ 　　37
　　×　2

⑮ 　　26
　　×　3

⑯ 　　15
　　×　6

⑰ 　　16
　　×　4

かけ算の筆算も一の位からじゅんに計算するよ。
くり上がりに注意しよう。

① 次の計算をしましょう。

32点（1つ2）

①
```
   6 3
 ×   2
```

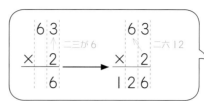
```
   6 3        6 3
 ×   2   →  ×   2
   ─────      ─────
     6        1 2 6
   二三が6    二六12
```

②
```
   3 0
 ×   8
```

③
```
   9 3
 ×   3
```

④
```
   4 1
 ×   5
```

⑤
```
   5 3
 ×   3
```

⑥
```
   7 2
 ×   4
```

⑦
```
   6 0
 ×   5
```

⑧
```
   4 2
 ×   3
```

⑨
```
   5 2
 ×   2
```

⑩
```
   9 4
 ×   2
```

⑪
```
   8 3
 ×   3
```

⑫
```
   6 4
 ×   2
```

⑬
```
   2 0
 ×   7
```

⑭
```
   6 0
 ×   9
```

⑮
```
   7 3
 ×   2
```

⑯
```
   8 1
 ×   7
```

2 次の計算をしましょう。

①
```
   34
×   6
```

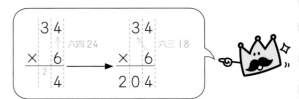

②
```
   38
×   7
```

③
```
   63
×   5
```

④
```
   58
×   4
```

⑤
```
   48
×   3
```

⑥
```
   49
×   7
```

⑦
```
   26
×   9
```

⑧
```
   39
×   6
```

⑨
```
   74
×   5
```

⑩
```
   35
×   8
```

⑪
```
   96
×   5
```

⑫
```
   36
×   3
```

⑬
```
   27
×   4
```

⑭
```
   28
×   6
```

⑮
```
   84
×   3
```

⑯
```
   53
×   8
```

⑰
```
   78
×   3
```

十の位にも百の位にもくり上がるよ。

27 （3けた）×（1けた）の筆算 ①

<table>
<tr><td>月</td><td>日</td><td>時</td><td>分〜</td><td>時</td><td>分</td></tr>
<tr><td>名前</td><td></td><td></td><td></td><td></td><td></td></tr>
<tr><td></td><td></td><td></td><td></td><td></td><td>点</td></tr>
</table>

❶ 次の計算をしましょう。

32点（1つ2）

①
```
    2 3 4
×       2
```

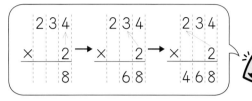

②
```
    3 1 2
×       3
```

③
```
    1 2 0
×       4
```

④
```
    4 1 1
×       2
```

⑤
```
    1 3 2
×       3
```

⑥
```
    3 4 3
×       2
```

⑦
```
    2 2 4
×       2
```

⑧
```
    3 2 4
×       2
```

⑨
```
    1 4 2
×       2
```

⑩
```
    2 0 3
×       3
```

⑪
```
    2 4 0
×       2
```

⑫
```
    1 0 3
×       3
```

⑬
```
    2 1 3
×       3
```

⑭
```
    4 2 3
×       2
```

⑮
```
    3 0 3
×       3
```

⑯
```
    4 3 1
×       2
```

② 次の計算をしましょう。

① 　　347
　　×　　2

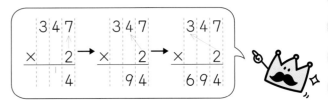

② 　　425
　　×　　2

③ 　　324
　　×　　3

④ 　　326
　　×　　2

⑤ 　　126
　　×　　3

⑥ 　　307
　　×　　3
　　9 2 1

⑦ 　　208
　　×　　4

⑧ 　　271
　　×　　3

⑨ 　　192
　　×　　4

⑩ 　　364
　　×　　2

⑪ 　　131
　　×　　5

⑫ 　　453
　　×　　2

⑬ 　　182
　　×　　3

⑭ 　　843
　　×　　2

⑮ 　　534
　　×　　2

⑯ 　　723
　　×　　3

⑰ 　　620
　　×　　4

かけられる数のけた数がかわっても、計算のしかたは同じだね。

月　日　　時　分〜　時　分
名前
点

① 次の計算をしましょう。　　　　　　　　32点（1つ2）

①
$$\begin{array}{r} 142 \\ \times \quad 6 \\ \hline \end{array}$$

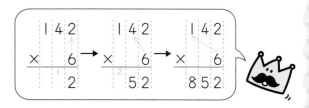

②
$$\begin{array}{r} 124 \\ \times \quad 7 \\ \hline \end{array}$$

③
$$\begin{array}{r} 245 \\ \times \quad 3 \\ \hline \end{array}$$

④
$$\begin{array}{r} 167 \\ \times \quad 4 \\ \hline \end{array}$$

⑤
$$\begin{array}{r} 234 \\ \times \quad 3 \\ \hline \end{array}$$

⑥
$$\begin{array}{r} 125 \\ \times \quad 4 \\ \hline \end{array}$$

⑦
$$\begin{array}{r} 306 \\ \times \quad 9 \\ \hline 2754 \end{array}$$

⑧
$$\begin{array}{r} 209 \\ \times \quad 8 \\ \hline \end{array}$$

⑨
$$\begin{array}{r} 704 \\ \times \quad 5 \\ \hline \end{array}$$

⑩
$$\begin{array}{r} 406 \\ \times \quad 7 \\ \hline \end{array}$$

⑪
$$\begin{array}{r} 803 \\ \times \quad 6 \\ \hline \end{array}$$

⑫
$$\begin{array}{r} 472 \\ \times \quad 3 \\ \hline \end{array}$$

⑬
$$\begin{array}{r} 683 \\ \times \quad 2 \\ \hline \end{array}$$

⑭
$$\begin{array}{r} 431 \\ \times \quad 7 \\ \hline \end{array}$$

⑮
$$\begin{array}{r} 543 \\ \times \quad 3 \\ \hline \end{array}$$

⑯
$$\begin{array}{r} 454 \\ \times \quad 4 \\ \hline \end{array}$$

❷ 次の計算をしましょう。

①
```
   654
 ×   3
```

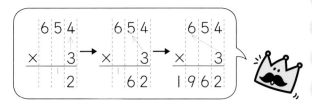

②
```
   235
 ×   6
```

③
```
   364
 ×   8
```

④
```
   749
 ×   7
```

⑤
```
   328
 ×   8
```

⑥
```
   429
 ×   7
```

⑦
```
   556
 ×   9
```

⑧
```
   258
 ×   6
```

⑨
```
   483
 ×   5
```

⑩
```
   667
 ×   6
```

⑪
```
   546
 ×   3
```

⑫
```
   846
 ×   4
```

⑬
```
   932
 ×   8
```

⑭
```
   438
 ×   5
```

⑮
```
   763
 ×   4
```

⑯
```
   347
 ×   5
```

⑰
```
   823
 ×   8
```

計算のしかたは（2けた）×（1けた）の筆算と同じだよ。
くり上がりに注意して、一の位からじゅんに計算しよう。

月　日　時　分〜　時　分

名前

点

1 次の計算を暗算でしましょう。　　　　　　　20点(1つ2)

① 13×2

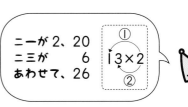

二一が 2、20
二三が　　 6
あわせて、26

① ③×2 ②

② 11×7　　　③ 14×2　　　④ 23×3

⑤ 32×3　　　⑥ 33×2　　　⑦ 41×2

⑧ 12×4　　　⑨ 11×9　　　⑩ 13×3

2 次の計算を暗算でしましょう。　　　　　　　26点(1つ2)

① 24×3

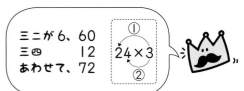

三二が 6、60
三四　　 12
あわせて、72

① 24×3 ②

② 18×3　　　③ 23×4　　　④ 46×2

⑤ 15×4　　　⑥ 12×5　　　⑦ 19×4

⑧ 45×2　　　⑨ 37×2　　　⑩ 28×3

⑪ 13×7　　　⑫ 35×2　　　⑬ 14×6

3 次の計算を暗算でしましょう。

54点(1つ2)

① 12×3 　　② 18×2 　　③ 24×4

④ 26×3 　　⑤ 21×3 　　⑥ 16×3

⑦ 13×5 　　⑧ 19×5 　　⑨ 14×7

⑩ 47×2

⑪ 24×2

⑫ 16×4

⑬ 15×6 　　⑭ 12×7 　　⑮ 29×3

⑯ 36×2 　　⑰ 13×4 　　⑱ 21×4

⑲ 19×2 　　⑳ 32×2 　　㉑ 17×5

㉒ 18×4

㉓ 17×3

㉔ 31×3

㉕ 29×2 　　㉖ 43×2 　　㉗ 14×5

かけ算の暗算は、十の位から計算するよ。

月　　日　　時　分～　時　分

名前

点

1 次の計算をしましょう。

48点（1つ2）

① 0.3＋0.4

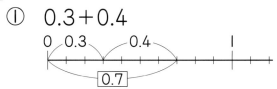

② 0.3＋0.8

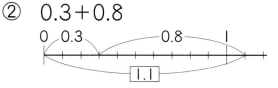

③ 0.2＋0.6

④ 0.9＋0.4

⑤ 0.8＋0.1

⑥ 0.2＋0.4

⑦ 0.7＋0.5

⑧ 0.6＋3.2

⑨ 0.6＋1.2

⑩ 0.7＋0.2

⑪ 1＋2.5

⑫ 0.4＋1.7

⑬ 0.9＋0.1

⑭ 0.5＋0.9

⑮ 0.2＋2.6

⑯ 0.4＋0.4

⑰ 1＋0.8

⑱ 0.2＋3.4

⑲ 0.5＋0.4

⑳ 0.5＋0.3

㉑ 0.7＋4.5

㉒ 0.6＋3.8

㉓ 0.8＋0.8

㉔ 0.4＋1.6

❷ 次の計算をしましょう。 52点（1つ2）

① 0.9 − 0.4

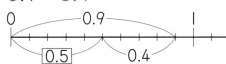

② 1.2 − 0.7

③ 0.7 − 0.3　　　④ 2.4 − 0.2

⑤ 1 − 0.3　　　⑥ 3.7 − 1.8

⑦ 2.4 − 0.3　　　⑧ 4.4 − 3.5

⑨ 0.6 − 0.3　　　⑩ 8.3 − 6.1

⑪ 1.4 − 0.6　　　⑫ 2.3 − 0.8

⑬ 9.4 − 5.3　　　⑭ 1 − 0.7

⑮ 2.8 − 1.6　　　⑯ 1.6 − 0.9

⑰ 0.7 − 0.6　　　⑱ 4 − 2.3

⑲ 2 − 0.8　　　⑳ 1.4 − 0.2

㉑ 4 − 0.3　　　㉒ 3.2 − 1.8

㉓ 2.7 − 1.9　　　㉔ 3 − 0.5

㉕ 0.9 − 0.2　　　㉖ 1.8 − 0.9

60　👤 1 は 1.0 だよ。
　　　 0.1 の何こ分になるか考えよう。

31 小数のたし算・ひき算の筆算

1 次の計算をしましょう。　　　　　　　　　　32点(1つ2)

① 　　2.5
　　＋6.2

② 　　4.3
　　＋1.7
　　　6.0

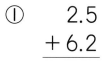
6.0だから
答えは6だよ。

③ 　　3.6
　　＋2.3

④ 　　4
　　＋2.8

4を4.0と
考えよう。

⑤ 　　1.3
　　＋1.8

⑥ 　　3.2
　　＋0.9

⑦ 　　7
　　＋1.4

⑧ 　　2.8
　　＋1.2

⑨ 　　2.2
　　＋5.6

⑩ 　　1.6
　　＋0.5

⑪ 　　4.8
　　＋1.6

⑫ 　　4.3
　　＋2.6

⑬ 　　8.2
　　＋1

⑭ 　　3.7
　　＋2.8

⑮ 　　6.3
　　＋2.7

⑯ 　　4.8
　　＋2.8

❷ 次の計算をしましょう。 68点（1つ4）

①
```
   4.8
-  3.5
```

②
```
   2.4
-  1.9
   0.5
```

一の位の 0 を
わすれずにかこう。

③
```
   7
-  2.4
```

④
```
   6.8
-  3.2
```

⑤
```
   1.3
-  0.6
```

⑥
```
   2.8
-  1.9
```

⑦
```
   2.6
-  0.7
```

⑧
```
   8
-  5.3
```

⑨
```
   4.7
-  3.9
```

⑩
```
   3.5
-  2.6
```

⑪
```
   4.3
-  2
```

⑫
```
   4.3
-  2.6
```

⑬
```
   9
-  6.8
```

⑭
```
   7
-  6.4
```

⑮
```
   2.7
-  1.9
```

⑯
```
   4.8
-  3.9
```

⑰
```
   3.7
-  1.7
```

上の小数点にそろえて、
答えの小数点をうつよ。

計算のしかたは、整数の筆算と同じだよ。
小数点や一の位の 0 をわすれずにかこう。

32 分数のたし算

1 次の計算をしましょう。

① $\dfrac{1}{5} + \dfrac{3}{5}$

0　$\dfrac{1}{5}$　　　　$\dfrac{3}{5}$　　　　1

$\boxed{\dfrac{4}{5}}$

② $\dfrac{1}{3} + \dfrac{1}{3}$

③ $\dfrac{2}{6} + \dfrac{3}{6}$

④ $\dfrac{3}{7} + \dfrac{2}{7}$

⑤ $\dfrac{1}{9} + \dfrac{4}{9}$

⑥ $\dfrac{3}{6} + \dfrac{1}{6}$

⑦ $\dfrac{4}{8} + \dfrac{2}{8}$

⑧ $\dfrac{2}{4} + \dfrac{1}{4}$

⑨ $\dfrac{6}{8} + \dfrac{1}{8}$

⑩ $\dfrac{4}{6} + \dfrac{1}{6}$

⑪ $\dfrac{1}{4} + \dfrac{1}{4}$

⑫ $\dfrac{2}{5} + \dfrac{2}{5}$

⑬ $\dfrac{4}{7} + \dfrac{1}{7}$

⑭ $\dfrac{2}{8} + \dfrac{3}{8}$

⑮ $\dfrac{6}{9} + \dfrac{2}{9}$

⑯ $\dfrac{5}{9} + \dfrac{2}{9}$

2 次の計算をしましょう。

① $\dfrac{4}{6} + \dfrac{2}{6}$

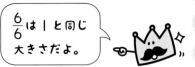

$\dfrac{6}{6}$ は 1 と同じ
大きさだよ。

② $\dfrac{1}{6} + \dfrac{4}{6}$

③ $\dfrac{1}{7} + \dfrac{2}{7}$

④ $\dfrac{3}{5} + \dfrac{2}{5}$

⑤ $\dfrac{2}{3} + \dfrac{1}{3}$

⑥ $\dfrac{7}{9} + \dfrac{1}{9}$

⑦ $\dfrac{3}{10} + \dfrac{2}{10}$

⑧ $\dfrac{6}{8} + \dfrac{2}{8}$

⑨ $\dfrac{2}{5} + \dfrac{1}{5}$

⑩ $\dfrac{3}{9} + \dfrac{4}{9}$

⑪ $\dfrac{1}{4} + \dfrac{3}{4}$

⑫ $\dfrac{5}{10} + \dfrac{3}{10}$

⑬ $\dfrac{3}{8} + \dfrac{4}{8}$

⑭ $\dfrac{8}{10} + \dfrac{2}{10}$

⑮ $\dfrac{5}{7} + \dfrac{1}{7}$

⑯ $\dfrac{1}{8} + \dfrac{6}{8}$

⑰ $\dfrac{4}{9} + \dfrac{5}{9}$

$\dfrac{1}{\Box}$ が何こになるか考えよう。

33 分数のひき算

月　　日　　時　分〜　時　分

名前

点

1 次の計算をしましょう。　　　　　　　　　　　32点(1つ2)

① $\dfrac{4}{5} - \dfrac{1}{5}$

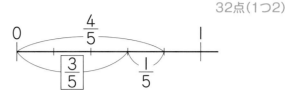

② $\dfrac{3}{9} - \dfrac{1}{9}$　　　　　　　③ $\dfrac{4}{7} - \dfrac{1}{7}$

④ $\dfrac{3}{5} - \dfrac{2}{5}$　　　　　　　⑤ $\dfrac{4}{8} - \dfrac{2}{8}$

⑥ $\dfrac{5}{7} - \dfrac{3}{7}$　　　　　　　⑦ $\dfrac{2}{3} - \dfrac{1}{3}$

⑧ $\dfrac{4}{6} - \dfrac{1}{6}$　　　　　　　⑨ $\dfrac{3}{4} - \dfrac{1}{4}$

⑩ $\dfrac{8}{9} - \dfrac{5}{9}$　　　　　　　⑪ $\dfrac{4}{5} - \dfrac{2}{5}$

⑫ $\dfrac{3}{4} - \dfrac{2}{4}$　　　　　　　⑬ $\dfrac{7}{8} - \dfrac{4}{8}$

⑭ $\dfrac{6}{9} - \dfrac{2}{9}$　　　　　　　⑮ $\dfrac{6}{7} - \dfrac{3}{7}$

⑯ $\dfrac{5}{6} - \dfrac{3}{6}$

❷ 次の計算をしましょう。

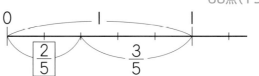

68点(1つ4)

① $1 - \dfrac{3}{5}$

② $1 - \dfrac{2}{6}$

③ $1 - \dfrac{2}{4}$

④ $\dfrac{5}{6} - \dfrac{1}{6}$

⑤ $\dfrac{2}{4} - \dfrac{1}{4}$

⑥ $1 - \dfrac{2}{10}$

⑦ $1 - \dfrac{2}{3}$

⑧ $\dfrac{6}{7} - \dfrac{4}{7}$

⑨ $1 - \dfrac{2}{7}$

⑩ $\dfrac{7}{9} - \dfrac{4}{9}$

⑪ $\dfrac{5}{10} - \dfrac{3}{10}$

⑫ $1 - \dfrac{4}{9}$

⑬ $\dfrac{3}{6} - \dfrac{1}{6}$

⑭ $\dfrac{3}{5} - \dfrac{1}{5}$

⑮ $1 - \dfrac{3}{8}$

⑯ $\dfrac{8}{10} - \dfrac{7}{10}$

⑰ $\dfrac{6}{8} - \dfrac{3}{8}$

1を分数になおして計算しよう。

月　日　時　分〜　時　分

名前

点

1 次の計算をしましょう。　26点(1つ2)

① 6×20

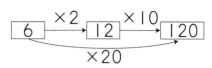

② 3×50　③ 2×90　④ 7×60

⑤ 8×80　⑥ 32×30　⑦ 11×90

⑧ 13×20　⑨ 21×40　⑩ 26×30

⑪ 15×50　⑫ 12×70　⑬ 35×20

2 次の計算をしましょう。　26点(1つ2)

① 60×30

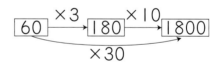

② 80×70　③ 20×90　④ 50×60

⑤ 93×20　⑥ 81×50　⑦ 44×40

⑧ 54×60　⑨ 35×70　⑩ 32×90

⑪ 87×30　⑫ 57×40　⑬ 46×50

❸ 次の計算をしましょう。 48点(1つ2)

① 3×60　　　② 42×20　　　③ 17×40

④ 20×80　　　⑤ 12×30　　　⑥ 39×50

⑦ 6×90　　　⑧ 23×40　　　⑨ 28×70

⑩ 12×80　　　⑪ 5×90　　　⑫ 30×40

⑬ 99×20　　　⑭ 13×60　　　⑮ 45×30

⑯ 4×80　　　⑰ 16×50　　　⑱ 36×40

⑲ 73×30　　　⑳ 84×20　　　㉑ 35×80

㉒ 9×60　　　㉓ 34×20　　　㉔ 40×50

20倍は2倍して10倍、30倍は3倍して10倍…。
0をつけるのをわすれないでね。

月 日　時 分〜 時 分

名前

点

① 次の計算をしましょう。　40点（1つ4）

① 　　42
　　× 12
　　───────
　　[8][4]
　[4][2]
　[5][0][4]

42×10＝420
だから、左に1けた
ずらしてかこう。

② 　　21
　　× 34
　　───────
　[ ][ ]
　[ ][ ]
　[ ][ ][ ]

③ 　　13
　　× 24

④ 　　40
　　× 21

⑤ 　　71
　　× 11

⑥ 　　15
　　× 45

⑦ 　　17
　　× 25

⑧ 　　19
　　× 43

⑨ 　　45
　　× 22

⑩ 　　26
　　× 32

一の位から
じゅんにかけて
たすんだね。

次の計算をしましょう。 60点（1つ5）

① 27
×33

② 12
×34

③ 36
×22

④ 37
×21

⑤ 16
×12

⑥ 23
×41

⑦ 11
×69

⑧ 25
×32

⑨ 41
×22

⑩ 20
×44

⑪ 83
×11

⑫ 31
×13

十の位の数をかけるときは、左に1けたずらしてかこう。

36 （2けた）×（2けた）の 筆算 ②

月	日	時	分～	時	分

名前

点

① 次の計算をしましょう。

40点（1つ4）

①
```
      2 3
  ×   4 8
  ───────
    1 8 4
    9 2
  ───────
  1 1 0 4
```

  くり上がりに注意しよう。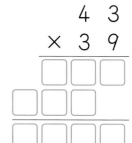

②
```
      4 3
  ×   3 9
  ───────
  □ □ □
□ □ □
  ───────
□ □ □ □
```

③
```
    4 8
  × 6 3
```

④
```
    2 8
  × 3 7
```

⑤
```
    1 8
  × 5 8
```

⑥
```
    3 4
  × 6 7
```

⑦
```
    2 7
  × 4 9
```

⑧
```
    3 5
  × 4 6
```

⑨
```
    6 8
  × 3 4
```

⑩
```
    4 0
  × 4 3
```

答えが4けたでも、計算のしかたは同じだね。

❷ 次の計算をしましょう。 60点（1つ5）

①
$$\begin{array}{r} 70 \\ \times\ 86 \\ \hline \end{array}$$

②
$$\begin{array}{r} 19 \\ \times\ 98 \\ \hline \end{array}$$

③
$$\begin{array}{r} 72 \\ \times\ 32 \\ \hline \end{array}$$

④
$$\begin{array}{r} 54 \\ \times\ 25 \\ \hline \end{array}$$

⑤
$$\begin{array}{r} 84 \\ \times\ 16 \\ \hline \end{array}$$

⑥
$$\begin{array}{r} 29 \\ \times\ 36 \\ \hline \end{array}$$

⑦
$$\begin{array}{r} 31 \\ \times\ 58 \\ \hline \end{array}$$

⑧
$$\begin{array}{r} 56 \\ \times\ 84 \\ \hline \end{array}$$

⑨
$$\begin{array}{r} 16 \\ \times\ 74 \\ \hline \end{array}$$

⑩
$$\begin{array}{r} 74 \\ \times\ 52 \\ \hline \end{array}$$

⑪
$$\begin{array}{r} 96 \\ \times\ 47 \\ \hline \end{array}$$

⑫
$$\begin{array}{r} 39 \\ \times\ 56 \\ \hline \end{array}$$

くり上がりに注意して、きちんと計算しよう。

37 （3けた）×（2けた）の 筆算①

月　日　　時　分〜　時　分

名前

点

❶ 次の計算をしましょう。　　　　　　　　　　40点（1つ4）

①
```
    1 2 8
  ×   6 3
  ───────
    3 8 4
  7 6 8
  8 0 6 4
```

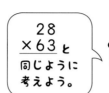
28
×63 と
同じように
考えよう。

②
```
    2 3 5
  ×   2 7
  ───────
  □ □ □ □
  □ □ □
  □ □ □ □
```

③
```
    6 1 1
  ×   1 6
```

④
```
    2 8 4
  ×   3 2
```

⑤
```
    4 2 0
  ×   2 3
```

⑥
```
    3 4 2
  ×   2 6
```

⑦
```
    2 9 8
  ×   2 8
```

⑧
```
    5 3 7
  ×   1 7
```

⑨
```
    4 7 6
  ×   2 1
```

⑩
```
    3 7 1
  ×   2 5
```

3けたになっても、
計算のしかたは同じだね。

② 次の計算をしましょう。

①
$$730 \times 13$$

②
$$194 \times 49$$

③
$$347 \times 26$$

④
$$219 \times 40$$

⑤
$$463 \times 19$$

⑥
$$283 \times 27$$

⑦
$$295 \times 31$$

⑧
$$319 \times 30$$

⑨
$$138 \times 71$$

⑩
$$812 \times 12$$

⑪
$$367 \times 23$$

⑫
$$524 \times 18$$

（2けた）×（2けた）と同じように計算するよ。

38 （3けた）×（2けた）の 筆算 ②

| 月 | 日 | 時 | 分〜 | 時 | 分 |
名前

点

① 次の計算をしましょう。

40点（1つ4）

①
```
    2 0 5
×     4 3
─────────
  6 1 5
8 2 0
8 8 1 5
```

②
```
    3 0 7
×     3 1
```

0に注意しよう。

③
```
    3 2 8
×     3 0
```

④
```
    4 0 8
×     2 3
```

⑤
```
    1 8 7
×     5 2
```

⑥
```
    4 1 8
×     1 9
```

⑦
```
    2 7 3
×     3 5
```

⑧
```
    5 0 4
×     1 8
```

⑨
```
    6 0 3
×     1 6
```

⑩
```
    4 3 8
×     1 5
```

75

2 次の計算をしましょう。

①
$$\begin{array}{r} 812 \\ \times\ 24 \\ \hline \square\square\square\square \\ \square\square\square\square \\ \square\square\square\square\square \end{array}$$

②
$$\begin{array}{r} 600 \\ \times\ 82 \\ \hline 1200 \\ 4800 \\ 49200 \end{array}$$

③
$$\begin{array}{r} 400 \\ \times\ 74 \\ \hline \end{array}$$

④
$$\begin{array}{r} 639 \\ \times\ 18 \\ \hline \end{array}$$

⑤
$$\begin{array}{r} 500 \\ \times\ 51 \\ \hline \end{array}$$

⑥
$$\begin{array}{r} 281 \\ \times\ 38 \\ \hline \end{array}$$

⑦
$$\begin{array}{r} 329 \\ \times\ 40 \\ \hline \end{array}$$

⑧
$$\begin{array}{r} 743 \\ \times\ 45 \\ \hline \end{array}$$

⑨
$$\begin{array}{r} 308 \\ \times\ 63 \\ \hline \end{array}$$

⑩
$$\begin{array}{r} 407 \\ \times\ 72 \\ \hline \end{array}$$

⑪
$$\begin{array}{r} 936 \\ \times\ 42 \\ \hline \end{array}$$

⑫
$$\begin{array}{r} 812 \\ \times\ 95 \\ \hline \end{array}$$

0に注意して計算しよう。

くり上がりや、0のかけ算に注意して、きちんと計算しよう。

39 しあげのテスト1

1 次の計算をしましょう。　　　　　　　　　　32点(1つ2)

① 45÷5　　② 24÷3　　③ 12÷2

④ 0÷3　　⑤ 18÷6　　⑥ 54÷9

⑦ 21÷7　　⑧ 36÷4　　⑨ 6÷6

⑩ 56÷8　　⑪ 0÷7　　⑫ 42÷6

⑬ 8÷1　　⑭ 40÷8　　⑮ 28÷4

⑯ 72÷9

2 次の計算をしましょう。　　　　　　　　　　30点(1つ2)

① 80÷4　　② 30÷3　　③ 96÷3

④ 60÷2　　⑤ 88÷4　　⑥ 24÷2

⑦ 82÷2　　⑧ 48÷4　　⑨ 60÷3

⑩ 93÷3　　⑪ 88÷8　　⑫ 90÷3

⑬ 40÷2　　⑭ 63÷3　　⑮ 68÷2

3 次の計算をしましょう。

① 　179
　　＋721

② 　823
　　－366

③ 　472
　　－138

④ 　647
　　＋　53

⑤ 　381
　　＋528

⑥ 　703
　　－316

⑦ 　219
　　＋588

⑧ 　230
　　－186

⑨ 　400
　　－　9

⑩ 　824
　　＋　77

⑪ 　3215
　　＋2185

⑫ 　4738
　　－　792

⑬ 　4071
　　＋1983

⑭ 　3741
　　＋　279

⑮ 　8742
　　－5492

⑯ 　2087
　　＋2922

⑰ 　4100
　　－　237

⑱ 　6000
　　－4234

⑲ 　4407
　　＋1693

40 しあげのテスト 2

1 次の計算をしましょう。 48点(1つ3)

① 13÷2　　　② 34÷5

③ 28÷9　　　④ 41÷7

⑤ 57÷6　　　⑥ 37÷8

⑦ 23÷4　　　⑧ 8÷7

⑨ 17÷3　　　⑩ 25÷6

⑪ 21÷5　　　⑫ 13÷4

⑬ 28÷5　　　⑭ 33÷4

⑮ 70÷9　　　⑯ 50÷8

2 次の計算をして、答えをたしかめましょう。 16点(1つ4)

① 20÷6　　　② 17÷4

③ 10÷8　　　④ 25÷7

3 次の計算をしましょう。

①
$$\begin{array}{r} 24 \\ \times 38 \\ \hline \end{array}$$

②
$$\begin{array}{r} 16 \\ \times 29 \\ \hline \end{array}$$

③
$$\begin{array}{r} 81 \\ \times 34 \\ \hline \end{array}$$

④
$$\begin{array}{r} 41 \\ \times 62 \\ \hline \end{array}$$

⑤
$$\begin{array}{r} 73 \\ \times 61 \\ \hline \end{array}$$

⑥
$$\begin{array}{r} 80 \\ \times 42 \\ \hline \end{array}$$

⑦
$$\begin{array}{r} 123 \\ \times\ \ 28 \\ \hline \end{array}$$

⑧
$$\begin{array}{r} 307 \\ \times\ \ 91 \\ \hline \end{array}$$

⑨
$$\begin{array}{r} 615 \\ \times\ \ 25 \\ \hline \end{array}$$

⑩
$$\begin{array}{r} 520 \\ \times\ \ 40 \\ \hline \end{array}$$

⑪
$$\begin{array}{r} 476 \\ \times\ \ 63 \\ \hline \end{array}$$

⑫
$$\begin{array}{r} 814 \\ \times\ \ 70 \\ \hline \end{array}$$

答え

3年の 計算

 1 2年生で習ったこと①

1
① 25
　+41
　66

② 54
　+20
　74

③ 42
　+16
　58

④ 34
　+49
　83

⑤ 57
　+23
　80

⑥ 76
　+17
　93

⑦ 67
　+ 9
　76

⑧ 　2
　+38
　40

2
① 37
　−24
　13

② 75
　−40
　35

③ 69
　−17
　52

④ 53
　− 2
　51

⑤ 81
　−39
　42

⑥ 45
　−28
　17

⑦ 92
　−85
　 7

⑧ 64
　− 9
　55

3
① 63
　+91
　154

② 57
　+60
　117

③ 44
　+72
　116

④ 86
　+56
　142

⑤ 48
　+55
　103

⑥ 67
　+74
　141

⑦ 72
　+30
　102

⑧ 63
　+37
　100

4
① 135
　− 64
　 71

② 124
　− 59
　 65

③ 116
　− 79
　 37

④ 109
　− 63
　 46

⑤ 100
　− 92
　　8

⑥ 104
　− 97
　　7

⑦ 101
　−　5
　 96

おうちの方へ 2年生までに習った筆算です。くり上がりやくり下がりがあるときの計算のしかたをしっかりりかいしましょう。

2 2年生で習ったこと②

1
①4　　②18
③54　④40
⑤25　⑥14
⑦18　⑧27
⑨49　⑩45
⑪12　⑫14
⑬36　⑭64
⑮24　⑯32

2
①8　　②35
③1　　④48
⑤42　⑥18
⑦2　　⑧56
⑨28　⑩81
⑪24　⑫36

3
①2　　②4
③5　　④7

おうちの方へ 九九は計算のきそなので、しっかりとおぼえましょう。

3 九九の表とかけ算

1
- ①4　　②4
- ③8　　④8
- ⑤3　　⑥3
- ⑦9　　⑧9
- ⑨6　　⑩3
- ⑪7
- ⑫8

2
- ①50　　②50
- ③30　④20　⑤100

3
- ①0　　②0
- ③0　④0　⑤0
- ⑥0

4
- ①4　　②3
- ③5　④4　⑤7
- ⑥6　⑦9　⑧4
- ⑨5　⑩2　⑪4
- ⑫8　⑬9　⑭6

🏠 おうちの方へ 九九の表を使って、かけ算のきまりをりかいしましょう。

1①〜⑧　かけ算では、かける数が1ふえると、答えはかけられる数だけ大きくなります。また、かける数が1へると、答えはかけられる数だけ小さくなります。

⑨〜⑫　$\triangle \times \square = \square \times \triangle$

2①　5×10は、5×9より5大きくなるから、5×10＝45＋5＝50

②　10×5は、10の5こ分だから、10＋10＋10＋10＋10＝50 または、10×5＝5×10だから、①と同じように考えます。

3　$\triangle \times 0 = 0$　　$0 \times \triangle = 0$

4②　8のだんの九九を使います。

4 わり算の式

1 2、2、2
2 6、6、6
3 6、4、4、4
4 2、2、2
5 5、5、5
6 3、8、8、8

🏠 おうちの方へ

1 ┃1人分の数┃×3＝6
だから、3のだんの九九を使います。

3 ┃1つ分の長さ┃×6＝24
だから、6のだんの九九を使います。

4 3×┃人数┃＝6
だから、3のだんの九九を使います。

6 3×┃本数┃＝24
だから、3のだんの九九を使います。

5 答えが九九にあるわり算 ①

1
- ①2、4　　②8、3
- ③5、7　　④6、1
- ⑤4、5　　⑥3、6
- ⑦7、2　　⑧9、9
- ⑨1、3　　⑩7、8

2
- ①3、4　　②6、5
- ③9、2　　④5、1
- ⑤2、5　　⑥8、4
- ⑦1、6　　⑧7、9
- ⑨4、2　　⑩9、3
- ⑪6、8　　⑫7、6

🏠 おうちの方へ わり算の答えは、わる数のだんの九九を使ってもとめます。

1 ①5、2
②3、9 ③7、1
④4、3 ⑤6、7
⑥8、2 ⑦3、5
⑧2、7 ⑨9、6
⑩1、4 ⑪5、6

2 ①3 ②5 | ⑮4 ⑯5
③9 ④7 | ⑰2 ⑱8
⑤4 ⑥2 | ⑲7 ⑳5
⑦4 ⑧8 | ㉑9 ㉒4
⑨9 ⑩7 | ㉓8 ㉔3
⑪3 ⑫1 | ㉕8 ㉖6
⑬5 ⑭6 | ㉗5 ㉘7

おうちの方へ わる数のだんの九九で
答えられるわり算は、わり算のきほんで
す。くり返し練習しましょう。

1 ①0   ②0
③0 ④0 ⑤0
⑥0 ⑦0

2 ①10
②10 ③10 ④10
⑤10 ⑥10 ⑦10
⑧20
⑨30 ⑩40 ⑪20
⑫20 ⑬30

3 ①12
②14 ③11 ④12
⑤11 ⑥13 ⑦11
⑧13 ⑨11 ⑩12

4 ①21
②23 ③32 ④43
⑤21 ⑥24 ⑦23
⑧22 ⑨32 ⑩31

おうちの方へ **1** 0を、0でないど
んな数でわっても、答えはいつも0に
なります。
2③4 10のかたまりと1のかたまり
に分けて考えます。くり返し練習しま
しょう。

1 ①6   ②2   ③2
④8   ⑤1   ⑥7
⑦2   ⑧9   ⑨1
⑩8   ⑪4   ⑫3
⑬4   ⑭5   ⑮2

2 ①0   ②0   ③0
④0   ⑤0   ⑥0
⑦0   ⑧0

3 ①2   ②1   ③4
④1   ⑤3   ⑥1
⑦1

4 ①3   ②8   ③4
④7   ⑤6   ⑥3
⑦8   ⑧9   ⑨3
⑩0   ⑪4
⑫8   ⑬0
⑭1   ⑮4
⑯8   ⑰8   ⑱5
⑲0   ⑳9   ㉑7
㉒4   ㉓1   ㉔0
㉕5   ㉖0
㉗5   ㉘3

㉙7　　　㉚6
㉛3　　　㉜6　　　㉝9
㉞9　　　㉟5

🏠**おうちの方へ**　九九で答えられるわり算は、わり算のきほんです。まちがいが多かった人は、九九やわり算をしっかりとふく習しましょう。

👤9👑 わり算②

1　①1　　　　②10
　　③1　　　　④10
　　⑤1　　　　⑥10
　　⑦1　　　　⑧10
　　⑨1　　　　⑩10

2　①3　　　　②30
　　③4　　　　④40
　　⑤2　　　　⑥20
　　⑦3　　　　⑧30
　　⑨2　　　　⑩20

3　①8　　②5　　③10
　　④8　　⑤10　　⑥0
　　⑦4　　⑧1　　⑨30
　　⑩9　　⑪0
　　⑫10　　⑬30
　　⑭7　　⑮10
　　⑯20　　⑰4　　⑱8
　　⑲6　　⑳0　　㉑10
　　㉒7　　㉓1　　㉔3
　　㉕5　　㉖5
　　㉗40　　㉘10
　　㉙2　　㉚0
　　㉛20　　㉜6　　㉝1
　　㉞8　　㉟9

🏠**おうちの方へ**　❸　九九を使ってとくのか、何十のわり算なのか考えて計算しましょう。

👤10👑 わり算③

1　①11　　②11　　③11
　　④11　　⑤11　　⑥13
　　⑦11　　⑧12　　⑨11
　　⑩12　　⑪12
　　⑫14　　⑬11
　　⑭11　　⑮13

2　①23　　②42　　③34
　　④21　　⑤21　　⑥31
　　⑦41　　⑧21　　⑨24
　　⑩22　　⑪22
　　⑫33　　⑬23
　　⑭43　　⑮31

3　①7　　②3　　③3
　　④8　　⑤6　　⑥4
　　⑦2　　⑧5　　⑨4
　　⑩2　　⑪10
　　⑫8　　⑬33
　　⑭8　　⑮0
　　⑯5　　⑰6　　⑱7
　　⑲3　　⑳8　　㉑0
　　㉒12　　㉓5　　㉔8
　　㉕1　　㉖10
　　㉗20　　㉘3
　　㉙9　　㉚10
　　㉛21　　㉜11　　㉝6
　　㉞6　　㉟9

🏠**おうちの方へ**　❶❷　十の位の数と一の位の数を、それぞれわります。

84

👑11 まとめのテスト

1 ①4 ②7
③9 ④6
⑤3 ⑥8
⑦5 ⑧2
⑨7 ⑩5
⑪2 ⑫9
⑬6 ⑭5

2 ①30 ②50
③40 ④0
⑤0 ⑥0

3 ①2 ②8 ③5
④5 ⑤8 ⑥0
⑦4 ⑧1 ⑨9
⑩7 ⑪4 ⑫8
⑬6 ⑭0

4 ①10 ②20 ③30
④10 ⑤40 ⑥10
⑦20 ⑧10

5 ①13 ②11 ③12
④13 ⑤14 ⑥11
⑦22 ⑧21

🏠おうちの方へ
1 かけ算のきまりを使います。
2 どんな数に0をかけても、0にどんな数をかけても、答えは0です。
3 九九を使って答えをもとめます。
4 10が何こ分あるかを考えます。
5 十の位の数と一の位の数を、それぞれわります。

👑12 何百のたし算とひき算

1 ①1100
②1000 ③1300
④1400 ⑤1300
⑥1200 ⑦1100
⑧1000 ⑨1400
⑩1100 ⑪1000
⑫1200 ⑬1800
⑭1200 ⑮1000
⑯1700 ⑰1500
⑱1200 ⑲1400
⑳1600 ㉑1100
㉒1000 ㉓1500
㉔1300 ㉕1600

2 ①800
②900 ③500
④700 ⑤900
⑥700 ⑦1000
⑧600 ⑨800
⑩700 ⑪800
⑫1000 ⑬400
⑭600 ⑮700
⑯900 ⑰1000
⑱800 ⑲900
⑳1000 ㉑400
㉒800 ㉓1000
㉔900 ㉕500

🏠おうちの方へ
100の何こ分になるか考えます。

👑13 3けたのたし算の筆算

1 ①588 ②897 ③588
④975 ⑤647 ⑥798
⑦659 ⑧286

2 ①742 ②394 ③983
④618 ⑤539 ⑥1378
⑦1549 ⑧1095 ⑨1390

3 ①524　②924　③732
④852　⑤931　⑥910
⑦610　⑧921　⑨541
⑩842　⑪421　⑫801
⑬801　⑭403　⑮800
⑯700　⑰600　⑱1002
⑲1011

🏠 おうちの方へ　一の位からじゅんに計算します。くり上がりに注意しましょう。

👑14　3けたのひき算の筆算

1 ①236　②423　③513
④303　⑤701　⑥20
⑦31　⑧26
2 ①172　②209　③926
④228　⑤216　⑥175
⑦180　⑧52　⑨72
3 ①258　②268　③145
④479　⑤478　⑥368
⑦395　⑧297　⑨298
⑩295　⑪128　⑫369
⑬427　⑭128　⑮211
⑯409　⑰246　⑱392
⑲691

🏠 おうちの方へ　一の位からじゅんに計算します。くり下がりに注意しましょう。
3⑪　十の位が0だから、百の位からくり下げます。

👑15　4けたの数の筆算

1 ①5828　②4715　③8333
④9141　⑤9160　⑥5900
⑦9140　⑧5210　⑨7908
⑩9300　⑪6493　⑫6007
⑬6474　⑭9031　⑮9901
⑯3918　⑰6018　⑱4000
2 ①3238　②4081　③2719
④3789　⑤2877　⑥3081
⑦5785　⑧1812　⑨5889
⑩2092　⑪7038　⑫3182
3 ①592　②986　③399
④3702　⑤2585

🏠 おうちの方へ　3けたのときと同じように、一の位からじゅんに計算します。くり上がり、くり下がりに注意しましょう。

👑16　たし算とひき算の筆算

1 ①787　②639　③831
④901　⑤508　⑥520
⑦800　⑧900
2 ①7578　②9383　③8712
④9700　⑤4204　⑥6014
⑦8103　⑧4800　⑨5069
3 ①224　②554　③60
④792　⑤191　⑥194
⑦879　⑧194　⑨88
⑩394
4 ①2332　②8719　③1277
④4985　⑤1179　⑥5809
⑦1909　⑧4788　⑨4764

🏠 おうちの方へ

1⑧
```
      | |        | |
   829  →    829  →    829
 +  71     +  71     +  71
      0       00      900
```
3⑩
```
    3 9          3 9
   400   →     400
 -   6       -   6
     4         394
```

👑17 たし算とひき算の暗算

1 ①79
②86
③68　④94　⑤69
⑥78　⑦75　⑧85
⑨86
⑩90
⑪80　⑫61　⑬91
⑭92　⑮75　⑯94
⑰112
⑱106
⑲164　⑳113　㉑134
㉒100　㉓131　㉔121
㉕105

2 ①23
②63
③40　④10　⑤53
⑥40　⑦23　⑧14
⑨28
⑩26
⑪6　⑫7　⑬17
⑭25　⑮54　⑯36
⑰76
⑱64
⑲59　⑳29　㉑22
㉒17　㉓33　㉔7
㉕4

🏠 **おうちの方へ**　暗算(あんざん)のしかたは、自分のやりやすいしかたで考えましょう。
1⑨　37+49の暗算
　　(1)49…40と9だから、
　　　37+40=77で、77+9=86
　　(2)37…30と7
　　　49…40と9
　　　だから、70と16をあわせて86
2⑭　84−59の暗算
　　(1)59…50と9だから、
　　　84−50=34で、34−9=25
　　(2)84…80と4だから、
　　　80−59=21で、21+4=25

👑18 一億までの数

1 ①＞　　②＞
③＞　　④＜
⑤＜　　⑥＞
⑦＜　　⑧＜

2 ①⑦77000　　⑦100000
　　　⑦105000　　⑤119000
②⑦94000　　⑦118000
　　⑦132000　　⑤140000

3 ①8000　　②15000
③120000　　④120000
⑤10000　　⑥100000
⑦37000

4 ①8万　②13万　③10万
④81万　⑤51万　⑥37万

5 ①5000　　②4000
③22000　　④18000
⑤140000　　⑥490000
⑦90000

6 ①3万　②13万　③7万
④49万　⑤6万　⑥8万

🏠 おうちの方へ ❷ 1目もりは1000
です。

❸⑦ $30000+7000=37000$
（まちがい）$30000+7000=10000$

❺⑦ $95000-5000=90000$
（まちがい）$95000-5000=9000$

19 10倍、100倍、1000倍、10でわる

❶ ①300 ②350
③500 ④840 ⑤1000
⑥1380 ⑦15000 ⑧32070

❷ ①3000 ②3500
③900 ④1700 ⑤41000
⑥80700 ⑦560000 ⑧920300

❸ ①30000 ②35000
③4000 ④72000 ⑤160000
⑥508000 ⑦6300000 ⑧2809000

❹ ①5 ②35
③2 ④7 ⑤99
⑥10 ⑦400 ⑧350

❺ ①400 ②690 ③1200
④7230 ⑤32000 ⑥800
⑦9400 ⑧10800 ⑨740900
⑩500000 ⑪6000 ⑫53000
⑬180000 ⑭700000
⑮3 ⑯81
⑰600 ⑱724

🏠 おうちの方へ ある数を10倍すると、
右はしに0が1こつきます。また、100
倍すると、右はしに0が2こ、1000
倍すると、右はしに0が3こつきます。
一の位が0の数を10でわると、右は
しの0を1ことった数になります。

20 あまりのあるわり算 ①

❶ ①6あまり1 ②4あまり1
③1あまり2 ④3あまり3
⑤9あまり2 ⑥8あまり1
⑦8あまり2 ⑧2あまり4
⑨8あまり6 ⑩3あまり1
⑪6あまり6 ⑫9あまり5
⑬9あまり2 ⑭8あまり8
⑮5あまり1 ⑯5あまり1
⑰4あまり2 ⑱6あまり2

❷ ①3あまり1 ②7あまり2
③1あまり1 ④2あまり2
⑤1あまり2 ⑥3あまり1
⑦4あまり2 ⑧2あまり2
⑨7あまり2 ⑩6あまり3
⑪8あまり1 ⑫5あまり1
⑬7あまり1
⑭5あまり3
⑮3あまり1 ⑯7あまり1
⑰5あまり3 ⑱7あまり2
⑲5あまり1 ⑳2あまり1
㉑3あまり1 ㉒2あまり2
㉓8あまり2

🏠 おうちの方へ あまりのあるわり算の
答えも、わる数のだんの九九を使っても
とめます。あまりはいつもわる数より小
さくなるようにします。
❶⑨ $9×\boxed{8}=72$ ◀── 78をこえない
$9×\boxed{9}=81$ ◀── 78をこえる
だから、$78÷9=8$あまり6
❷⑬ $7×\boxed{7}=49$ ◀── 50をこえない
$7×\boxed{8}=56$ ◀── 50をこえる
だから、$50÷7=7$あまり1

21 あまりのあるわり算 ②

❶
- ① 2 あまり 1
- ② 5 あまり 5
- ③ 5 あまり 4
- ④ 8 あまり 1
- ⑤ 9 あまり 1
- ⑥ 4 あまり 4
- ⑦ 6 あまり 3
- ⑧ 2 あまり 2
- ⑨ 1 あまり 2
- ⑩ 6 あまり 1
- ⑪ 9 あまり 3
- ⑫ 2 あまり 2
- ⑬ 1 あまり 2
- ⑭ 7 あまり 2
- ⑮ 4 あまり 1
- ⑯ 9 あまり 6
- ⑰ 4 あまり 1
- ⑱ 4 あまり 2
- ⑲ 1 あまり 3
- ⑳ 8 あまり 2
- ㉑ 2 あまり 2
- ㉒ 1 あまり 6
- ㉓ 1 あまり 2
- ㉔ 6 あまり 6
- ㉕ 6 あまり 5

❷
- ① 9 あまり 1
- ② 8 あまり 6
- ③ 9 あまり 7
- ④ 8 あまり 3
- ⑤ 8 あまり 4
- ⑥ 4 あまり 2
- ⑦ 6 あまり 2
- ⑧ 6 あまり 5
- ⑨ 3 あまり 4
- ⑩ 3 あまり 4
- ⑪ 7 あまり 1
- ⑫ 5 あまり 2
- ⑬ 3 あまり 5
- ⑭ 5 あまり 5
- ⑮ 3 あまり 4
- ⑯ 2 あまり 5
- ⑰ 3 あまり 3
- ⑱ 1 あまり 3
- ⑲ 7 あまり 5
- ⑳ 9 あまり 1
- ㉑ 2 あまり 6
- ㉒ 7 あまり 4
- ㉓ 2 あまり 2
- ㉔ 7 あまり 5
- ㉕ 9 あまり 1

📖 おうちの方へ わり算の計算をした後、あまりがわる数より小さくなっているかどうか、見直しをするようにしましょう。

22 あまりのあるわり算 ③

❶
- ① 1 あまり 7
- ② 8 あまり 2
- ③ 6 あまり 1
- ④ 1 あまり 4
- ⑤ 9 あまり 2
- ⑥ 8 あまり 2
- ⑦ 8 あまり 3
- ⑧ 4 あまり 4
- ⑨ 3 あまり 2
- ⑩ 5 あまり 1
- ⑪ 1 あまり 4
- ⑫ 6 あまり 3
- ⑬ 5 あまり 2
- ⑭ 2 あまり 6
- ⑮ 7 あまり 6
- ⑯ 9 あまり 3
- ⑰ 4 あまり 1
- ⑱ 4 あまり 2
- ⑲ 1 あまり 3
- ⑳ 8 あまり 1
- ㉑ 9 あまり 1
- ㉒ 6 あまり 1
- ㉓ 2 あまり 5

❷
- ① 5、3 / 5、3
- ② 7、4 / 7、4
- ③ 8 あまり 1 / $2 \times 8 + 1 = 17$
- ④ 4 あまり 5 / $9 \times 4 + 5 = 41$
- ⑤ 6 あまり 6 / $7 \times 6 + 6 = 48$
- ⑥ 1 あまり 1 / $3 \times 1 + 1 = 4$
- ⑦ 6 あまり 2 / $8 \times 6 + 2 = 50$
- ⑧ 5 あまり 1 / $6 \times 5 + 1 = 31$
- ⑨ 2 あまり 1 / $4 \times 2 + 1 = 9$
- ⑩ 3 あまり 4 / $5 \times 3 + 4 = 19$
- ⑪ 7 あまり 2 / $3 \times 7 + 2 = 23$
- ⑫ 1 あまり 5 / $7 \times 1 + 5 = 12$
- ⑬ 4 あまり 1 / $6 \times 4 + 1 = 25$
- ⑭ 9 あまり 1 / $8 \times 9 + 1 = 73$
- ⑮ 8 あまり 1 / $4 \times 8 + 1 = 33$
- ⑯ 7 あまり 8 / $9 \times 7 + 8 = 71$
- ⑰ 7 あまり 4 / $6 \times 7 + 4 = 46$
- ⑱ 3 あまり 1 / $2 \times 3 + 1 = 7$

おうちの方へ あまりのあるわり算は、計算のまちがいをしがちです。答えのたしかめをするようにしましょう。

❷③ $17 \div 2 = 8$ あまり 1
          ↓   ↓   ↓
        $2 \times 8 + 1 = 17$

👑 23 まとめのテスト

1 ①1200 ②1100 ③1000
  ④600 ⑤700 ⑥900

2 ①817 ②721 ③1461
  ④1020 ⑤532 ⑥168
  ⑦276 ⑧594 ⑨7390
  ⑩9900 ⑪4798 ⑫862

3 ①123 ②63 ③42

4 ①<   ②<

5 ①60万   ②9万
  ③45000   ④14000

6 ①400 ②1900 ③30000
  ④810000 ⑤5 ⑥300

7 ①6あまり1   ②3あまり2
  ③4あまり3   ④8あまり6
  ⑤5あまり1   ⑥8あまり3
  ⑦7あまり7   ⑧5あまり1
  ⑨8あまり3   ⑩6あまり4
  ⑪8あまり2   ⑫1あまり1

おうちの方へ ❷ 一の位からじゅんに計算しましょう。くり上がりやくり下がりに注意しましょう。
❹② けた数のちがいに注意しましょう。

🐰 24 何十・何百のかけ算

1 ①80   ②60
  ③60 ④80 ⑤90

⑥120
⑦270 ⑧200 ⑨240
⑩630 ⑪240

2 ①900   ②800
  ③800 ④600 ⑤400
  ⑥1600 ⑦3000 ⑧2400
  ⑨4200 ⑩2800 ⑪8100

3 ①150 ②200 ③280
  ④40 ⑤540
  ⑥560 ⑦4200
  ⑧60 ⑨600 ⑩1800
  ⑪640 ⑫1400 ⑬300
  ⑭60 ⑮80 ⑯1800
  ⑰2500 ⑱3600 ⑲100
  ⑳90 ㉑400 ㉒3200
  ㉓80 ㉔4800 ㉕180
  ㉖630 ㉗1000 ㉘2100

おうちの方へ ❶⑧ 10が(4×5)こで20こだから、200
❷⑦ 100が(5×6)こで30こだから、3000

🐿 25 (2けた)×(1けた)の筆算①

1 ①26 ②84
  ③62 ④36 ⑤48
  ⑥96 ⑦80 ⑧90
  ⑨88 ⑩84 ⑪99
  ⑫88 ⑬28 ⑭82
  ⑮86 ⑯68

2 ①92
  ②98 ③65 ④72
  ⑤98 ⑥96 ⑦72
  ⑧76 ⑨81 ⑩78
  ⑪56 ⑫95 ⑬92

⑭74　　⑮78　　⑯90
⑰64

🏠おうちの方へ 一の位からじゅんに計
算しましょう。
❷⑨　　27　　　27
　　　×　3 → ×　3
　　　² 1　　　 81

👑26 （2けた）×（1けた）の筆算②

1　①126
　②240　　③279　　④205
　⑤159　　⑥288　　⑦300
　⑧126　　⑨104　　⑩188
　⑪249　　⑫128　　⑬140
　⑭540　　⑮146　　⑯567

2　①204
　②266　　③315　　④232
　⑤144　　⑥343　　⑦234
　⑧234　　⑨370　　⑩280
　⑪480　　⑫108　　⑬108
　⑭168　　⑮252　　⑯424
　⑰234

🏠おうちの方へ くり上がりに注意して
計算しましょう。
❷⑧　　39　　　39
　　　×　6 → ×　6
　　　⁵4　　　234

👑27 （3けた）×（1けた）の筆算①

1　①468
　②936　　③480　　④822
　⑤396　　⑥686　　⑦448
　⑧648　　⑨284　　⑩609
　⑪480　　⑫309　　⑬639

⑭846　　⑮909　　⑯862

2　①694
　②850　　③972　　④652
　⑤378　　⑥921　　⑦832
　⑧813　　⑨768　　⑩728
　⑪655　　⑫906　　⑬546
　⑭1686　　⑮1068　　⑯2169
　⑰2480

🏠おうちの方へ （2けた）×（1けた）と
同じように計算します。

👑28 （3けた）×（1けた）の筆算②

1　①852
　②868　　③735　　④668
　⑤702　　⑥500　　⑦2754
　⑧1672　　⑨3520　　⑩2842
　⑪4818　　⑫1416　　⑬1366
　⑭3017　　⑮1629　　⑯1816

2　①1962
　②1410　　③2912　　④5243
　⑤2624　　⑥3003　　⑦5004
　⑧1548　　⑨2415　　⑩4002
　⑪1638　　⑫3384　　⑬7456
　⑭2190　　⑮3052　　⑯1735
　⑰6584

🏠おうちの方へ くり上がりに注意して
計算しましょう。
❶⑫　　472　　472　　472
　　×　3 → ×　3 → ×　3
　　　6　　 ²16　　1416
❷⑥　　429　　429　　429
　　×　7 → ×　7 → ×　7
　　　⁶3　　 ²03　　3003

👑29 かけ算の暗算

1 ①26

②77　③28　④69

⑤96　⑥66　⑦82

⑧48　⑨99　⑩39

2 ①72

②54　③92　④92

⑤60　⑥60　⑦76

⑧90　⑨74　⑩84

⑪91　⑫70　⑬84

3 ①36　②36　③96

④78　⑤63　⑥48

⑦65　⑧95　⑨98

⑩94

⑪48

⑫64

⑬90　⑭84　⑮87

⑯72　⑰52　⑱84

⑲38　⑳64　㉑85

㉒72

㉓51

㉔93

㉕58　㉖86　㉗70

🏠 **おうちの方へ**

2② 三一が3、30
　　三八　　　24
　　あわせて、54

👑30 小数のたし算・ひき算

1 ①0.7　②1.1

③0.8　④1.3

⑤0.9　⑥0.6

⑦1.2　⑧3.8

⑨1.8　⑩0.9

⑪3.5　⑫2.1

⑬1　⑭1.4

⑮2.8　⑯0.8

⑰1.8　⑱3.6

⑲0.9　⑳0.8

㉑5.2　㉒4.4

㉓1.6　㉔2

2 ①0.5　②0.5

③0.4　④2.2

⑤0.7　⑥1.9

⑦2.1　⑧0.9

⑨0.3　⑩2.2

⑪0.8　⑫1.5

⑬4.1　⑭0.3

⑮1.2　⑯0.7

⑰0.1　⑱1.7

⑲1.2　⑳1.2

㉑3.7　㉒1.4

㉓0.8　㉔2.5

㉕0.7　㉖0.9

🏠 **おうちの方へ**　0.1 の何こ分になるか
考えましょう。

1⑬　0.1 の(9+1)こ分だから、1

2⑤　1を1.0と考えて、
　　　0.1 の(10−3)こ分だから、0.7

👑31 小数のたし算・ひき算の筆算

1 ①8.7　②6

③5.9　④6.8

⑤3.1　⑥4.1　⑦8.4

⑧4　⑨7.8　⑩2.1

⑪6.4　⑫6.9　⑬9.2

⑭6.5　⑮9　⑯7.6

② ①1.3　②0.5
③4.6　④3.6　⑤0.7
⑥0.9　⑦1.9　⑧2.7
⑨0.8　⑩0.9　⑪2.3
⑫1.7　⑬2.2　⑭0.6
⑮0.8　⑯0.9　⑰2

🏠**おうちの方へ**　整数のたし算やひき算
と同じように計算しましょう。

❶④　　　4　　　　4を4.0と考える。
　　　$+2.8$
　　　$\overline{6.8}$

❷⑥　　　2.8
　　　-1.9
　　　$\overline{0.9}$　　0をわすれずに書く。

👑**32　分数のたし算**

❶ ①$\dfrac{4}{5}$

②$\dfrac{2}{3}$　　　　③$\dfrac{5}{6}$

④$\dfrac{5}{7}$　　　　⑤$\dfrac{5}{9}$

⑥$\dfrac{4}{6}$　　　　⑦$\dfrac{6}{8}$

⑧$\dfrac{3}{4}$　　　　⑨$\dfrac{7}{8}$

⑩$\dfrac{5}{6}$　　　　⑪$\dfrac{2}{4}$

⑫$\dfrac{4}{5}$　　　　⑬$\dfrac{5}{7}$

⑭$\dfrac{5}{8}$　　　　⑮$\dfrac{8}{9}$

⑯$\dfrac{7}{9}$

❷ ①$1\left(\dfrac{6}{6}\right)$

②$\dfrac{5}{6}$　　　　③$\dfrac{3}{7}$

---

④$1\left(\dfrac{5}{5}\right)$　　　⑤$1\left(\dfrac{3}{3}\right)$

⑥$\dfrac{8}{9}$　　　　⑦$\dfrac{5}{10}$

⑧$1\left(\dfrac{8}{8}\right)$　　　⑨$\dfrac{3}{5}$

⑩$\dfrac{7}{9}$　　　　⑪$1\left(\dfrac{4}{4}\right)$

⑫$\dfrac{8}{10}$　　　　⑬$\dfrac{7}{8}$

⑭$1\left(\dfrac{10}{10}\right)$　　　⑮$\dfrac{6}{7}$

⑯$\dfrac{7}{8}$　　　　⑰$1\left(\dfrac{9}{9}\right)$

🏠**おうちの方へ**　分母と分子が同じ数の
分数は1です。

❷④　$\dfrac{1}{5}$が(3+2)こだから、$\dfrac{5}{5}=1$

👑**33　分数のひき算**

❶ ①$\dfrac{3}{5}$

②$\dfrac{2}{9}$　③$\dfrac{3}{7}$

④$\dfrac{1}{5}$　⑤$\dfrac{2}{8}$

⑥$\dfrac{2}{7}$　⑦$\dfrac{1}{3}$

⑧$\dfrac{3}{6}$　⑨$\dfrac{2}{4}$

⑩$\dfrac{3}{9}$　⑪$\dfrac{2}{5}$

⑫$\dfrac{1}{4}$　⑬$\dfrac{3}{8}$

⑭$\dfrac{4}{9}$　⑮$\dfrac{3}{7}$

⑯$\dfrac{2}{6}$

❷ ①$\dfrac{2}{5}$

②$\dfrac{4}{6}$　③$\dfrac{2}{4}$

④$\dfrac{4}{6}$　⑤$\dfrac{1}{4}$

⑥$\dfrac{8}{10}$　⑦$\dfrac{1}{3}$

⑧$\dfrac{2}{7}$　⑨$\dfrac{5}{7}$

⑩$\dfrac{3}{9}$　⑪$\dfrac{2}{10}$

⑫$\dfrac{5}{9}$　⑬$\dfrac{2}{6}$

⑭$\dfrac{2}{5}$　⑮$\dfrac{5}{8}$

⑯$\dfrac{1}{10}$　⑰$\dfrac{3}{8}$

🏠 おうちの方へ

❷② 1を$\frac{6}{6}$と考えて、$\frac{6}{6}-\frac{2}{6}$

$\frac{1}{6}$が$(6-2)$こだから、$\frac{4}{6}$

34 何十をかけるかけ算

❶ ①120

②150 ③180 ④420

⑤640 ⑥960 ⑦990

⑧260 ⑨840 ⑩780

⑪750 ⑫840 ⑬700

❷ ①1800

②5600 ③1800 ④3000

⑤1860 ⑥4050 ⑦1760

⑧3240 ⑨2450 ⑩2880

⑪2610 ⑫2280 ⑬2300

❸ ①180 ②840 ③680

④1600 ⑤360 ⑥1950

⑦540 ⑧920 ⑨1960

⑩960 ⑪450 ⑫1200

⑬1980 ⑭780 ⑮1350

⑯320 ⑰800 ⑱1440

⑲2190 ⑳1680 ㉑2800

㉒540 ㉓680 ㉔2000

🏠 おうちの方へ

❶⑥ $(32×3)$を10倍した数になります。

❷① $(60×3)$を10倍した数になります。
0の数に注意しましょう。

35 （2けた）×（2けた）の筆算①

❶
①
```
    42
  × 12
   [8][4]
  [4][2]
  [5][0][4]
```
②
```
    21
  × 34
   [8][4]
  [6][3]
  [7][1][4]
```

③312 ④840 ⑤781

⑥675 ⑦425 ⑧817

⑨990 ⑩832

❷ ①891 ②408 ③792

④777 ⑤192 ⑥943

⑦759 ⑧800 ⑨902

⑩880 ⑪913 ⑫403

🏠 おうちの方へ

❶③
```
  13      13      13
×24  → ×24  → ×24
  52      52      52
          26      26
                 312
```

④
```
  40      40      40
×21  → ×21  → ×21
  40      40      40
          80      80
                 840
```

36 （2けた）×（2けた）の筆算②

❶
①
```
    23
  × 48
  [1][8][4]
  [9][2]
  [1][1][0][4]
```
②
```
    43
  × 39
  [3][8][7]
  [1][2][9]
  [1][6][7][7]
```

③3024 ④1036 ⑤1044

⑥2278 ⑦1323 ⑧1610

⑨2312 ⑩1720

❷ ①6020 ②1862 ③2304

④1350 ⑤1344 ⑥1044

⑦1798 ⑧4704 ⑨1184
⑩3848 ⑪4512 ⑫2184

🏠 おうちの方へ
❶③
```
    48      48      48
  ×63  →  ×63  →  ×63
   144     144     144
           288     288
                  3024
```
⑩
```
    40      40      40
  ×43  →  ×43  →  ×43
   120     120     120
           160     160
                  1720
```

37 （3けた）×（2けた）の筆算①

❶①
```
    128
  ×  63
    384
   768
   8064
```
②
```
    235
  ×  27
   1645
   470
   6345
```
③9776 ④9088 ⑤9660
⑥8892 ⑦8344 ⑧9129
⑨9996 ⑩9275

❷①9490 ②9506 ③9022
④8760 ⑤8797 ⑥7641
⑦9145 ⑧9570 ⑨9798
⑩9744 ⑪8441 ⑫9432

🏠 おうちの方へ
❷④
```
    219          219
  ×  40        ×  40
   000   →     8760
   876
   8760
```
000をはぶいて、1だんで書い
てもよいです。

38 （3けた）×（2けた）の筆算②

❶①
```
    205
  ×  43
    615
   820
   8815
```
②9517
③9840 ④9384 ⑤9724
⑥7942 ⑦9555 ⑧9072
⑨9648 ⑩6570

❷①
```
    812
  ×  24
   3248
   1624
  19488
```
②
```
    600
  ×  82
   1200
   4800
  49200
```
③29600

④11502 ⑤25500 ⑥10678
⑦13160 ⑧33435 ⑨19404
⑩29304 ⑪39312 ⑫77140

🏠 おうちの方へ
❶②
```
    307          307          307
  ×  31  →     ×  31  →     ×  31
    307          307          307
                 921          921
                             9517
```
④
```
    408          408          408
  ×  23  →     ×  23  →     ×  23
   1224         1224         1224
                 816          816
                             9384
```
❷⑫
```
    812          812          812
  ×  95  →     ×  95  →     ×  95
   4060         4060         4060
                7308         7308
                            77140
```

1 ①9 　②8 　③6
④0 　⑤3 　⑥6
⑦3 　⑧9 　⑨1
⑩7 　⑪0 　⑫7
⑬8 　⑭5 　⑮7
⑯8

2 ①20 　②10 　③32
④30 　⑤22 　⑥12
⑦41 　⑧12 　⑨20
⑩31 　⑪11 　⑫30
⑬20 　⑭21 　⑮34

3 ①900 　②457 　③334
④700 　⑤909 　⑥387
⑦807 　⑧44 　⑨391
⑩901 　⑪5400 　⑫3946
⑬6054 　⑭4020 　⑮3250
⑯5009 　⑰3863 　⑱1766
⑲6100

🏠 おうちの方へ　**1** わり算の答えは、
わる数のだんの九九を使ってもとめます。
2 何十のわり算なのか、九九にないわ
り算なのか、考えてときます。
① 10が(8÷4)こだから、20
③ 96は90と6
$$90÷3=30$$
$$6÷3= 2$$
$$96÷3=32$$
3 ⑨
$$\begin{array}{r} \overset{3\ 9}{400} \\ -\quad 9 \\ \hline 391 \end{array}$$
十の位が0だから、
百の位からくり下げま
す。

1 ①6あまり1 　②6あまり4
③3あまり1 　④5あまり6
⑤9あまり3 　⑥4あまり5
⑦5あまり3 　⑧1あまり1
⑨5あまり2 　⑩4あまり1
⑪4あまり1 　⑫3あまり1
⑬5あまり3 　⑭8あまり1
⑮7あまり7 　⑯6あまり2

2 ①3あまり2
$$6×3+2=20$$
②4あまり1
$$4×4+1=17$$
③1あまり2
$$8×1+2=10$$
④3あまり4
$$7×3+4=25$$

3 ①912 　②464 　③2754
④2542 　⑤4453 　⑥3360
⑦3444 　⑧27937 　⑨15375
⑩20800 　⑪29988 　⑫56980

🏠 おうちの方へ　**1** わり算の答えは、
わる数のだんの九九を使ってもとめます。
あまりは、いつもわる数より小さくなる
ようにします。
2① 20÷6=3あまり2
　　　↓　↓　　　　　↓
　　　6×3 ＋ 2=20
3⑦
$$\begin{array}{r}123\\\times\ 28\\\hline984\end{array} \rightarrow \begin{array}{r}123\\\times\ 28\\\hline984\\246\end{array} \rightarrow \begin{array}{r}123\\\times\ 28\\\hline984\\246\\\hline3444\end{array}$$